现代生物仪器设备分析技术

Modern Biological Instrument and
Equipment Analysis Technology

主　编　张淑华
副主编　陈玉娟　葛淑敏
　　　　何秀霞　郝凤奇
参　编　李成玉　王　晴
　　　　夏　青

北京理工大学出版社
BEIJING INSTITUTE OF TECHNOLOGY PRESS

内容简介

本书涵盖生物化学、微生物学、细胞生物学、分子生物学和大型生物仪器等五方面现代生物仪器设备及分析技术。通过对这些现代生物仪器设备的讲解，学生在了解生物工程与技术领域发展概貌的同时，掌握生物工程和生物技术等生物相关专业仪器设备正确使用的基本技能，了解这些仪器设备的使用原理，重视这些仪器设备的维护保养等。本书既可以让学生科学合理地使用相关仪器设备，减少仪器设备的损耗，延长仪器设备的使用寿命，又可以为学生基本实践技能、创新思维、创新能力、科学素养的培养搭建一个坚实的平台。

本书可作为专科、本科学生及研究生的教材与参考用书。它不仅适用于生物工程与生物技术专业的本科实践教学，还对生物化工、应用化学等专业的教学及科研工作具有重要的参考价值。

版权专有　侵权必究

图书在版编目（CIP）数据

现代生物仪器设备分析技术 / 张淑华主编．—北京：北京理工大学出版社，2017.12（2023.2 重印）

ISBN 978-7-5682-5142-6

Ⅰ.①现⋯　Ⅱ.①张⋯　Ⅲ.①生物工程-仪器设备-研究　Ⅳ.①Q81

中国版本图书馆 CIP 数据核字（2017）第 330249 号

出版发行 / 北京理工大学出版社有限责任公司
社　　址 / 北京市海淀区中关村南大街 5 号
邮　　编 / 100081
电　　话 /（010）68914775（总编室）
　　　　　（010）82562903（教材售后服务热线）
　　　　　（010）68944723（其他图书服务热线）
网　　址 / http://www.bitpress.com.cn
经　　销 / 全国各地新华书店
印　　刷 / 北京虎彩文化传播有限公司
开　　本 / 710 毫米×1000 毫米　1/16
印　　张 / 12　　　　　　　　　　　　　　　责任编辑 / 杜春英
字　　数 / 217 千字　　　　　　　　　　　　文案编辑 / 党选丽
版　　次 / 2017 年 12 月第 1 版　2023 年 2 月第 4 次印刷　责任校对 / 周瑞红
定　　价 / 36.00 元　　　　　　　　　　　　责任印制 / 王美丽

图书出现印装质量问题，请拨打售后服务热线，本社负责调换

前 言

本书是与目前高校生物工程和生物技术等生物相关专业基础实践课程相配套的综合性实践指导用书。目前，针对生物学相关专业的实验用书在市面上非常丰富，且主要侧重于实验内容与实验步骤的讲解。但是，对生物实验仪器设备的正确使用、工作原理、维修保养、注意事项等相关操作技能进行讲解的书却甚少，不能满足现实中对实践教学的基本要求，教材建设亟待加强。本教材涵盖生物化学、微生物学、细胞生物学、分子生物学和大型生物仪器设备五个方面仪器设备分析技术。对这些现代生物仪器设备的讲解，可以使学生在了解生物工程与技术领域发展概貌的同时，掌握生物工程和生物技术等与生物相关专业仪器设备正确使用的基本技能，了解这些仪器设备的使用原理，重视这些仪器设备的维护保养。既可以指导学生科学、合理地使用相关仪器设备，减少仪器设备的损耗，延长仪器设备的使用寿命，又可以为学生基本实践技能、创新思维、创新能力、科学素养的培养搭建一个坚实的平台。本书可作为本科、专科学生及研究生的教材与参考用书，也适用于生物工程与生物技术专业教师的本科实践教材；同时，对生物化工、应用化学等专业的教学及科研工作也具有重要的参考价值。

全书共分五章。第一章是生物化学实验仪器设备分析技术，分别介绍酸度计、电子天平、分光光度计、酶标仪、电泳装置、离心机、凯氏定氮仪、冻干机、超声波清洗机及其他生化仪器的工作原理、使用方法、维修保养和注意事项等内容。第二章是微生物学实验仪器设备分析技术，主要介绍普通光学显微镜、高压蒸汽灭菌锅、干热灭菌箱、恒温培养箱、恒温摇床及超净工作台的工作原理、使用方法、维修保养和注意事项等知识。第三章是细胞生物学实验仪器设备分析技术，主要介绍二氧化碳培养箱、液氮罐、细胞培养实验室及倒置显微镜的工作原理、使用方法、维修保养和注意事项等知识。第四章是分子生物学实验仪器设备分析技术，主要介绍微量移液器、PCR仪、凝胶成像仪、恒温水浴锅及分子杂交仪的工作原理、使用方法、维修保养和注意事项等内容。第五章是大型生物仪器设备分析技术，系统介绍高效液相色谱仪、气相色谱仪、毛细管电泳仪、红外光谱仪、质谱仪、DNA测序仪、流式细胞仪及实时荧光定量PCR仪的工作原理、使用方法、维修保养和使用注意事项等内容。

本书由张淑华主编，主要负责制定编写大纲，对全书进行统稿、修改，并承担第二章微生物学实验仪器设备分析技术的编写工作。其他章节由多年从事本课程实践教学的陈玉娟、葛淑敏、何秀霞、郝凤奇等编写。这些教师具有多年的教学经验，学术水平也较高。全书由于源华教授进行校对，同时李成玉、王晴、夏青等也参与了部分编写及校对工作。

由于编者水平有限，书中难免有不当之处，敬请批评指正。

编　者

目 录

第一章　生物化学实验仪器设备分析技术 …………………………… 1
　　第一节　酸度计 ………………………………………………… 1
　　第二节　电子天平 ……………………………………………… 5
　　第三节　分光光度计 …………………………………………… 9
　　第四节　酶标仪 ………………………………………………… 13
　　第五节　电泳装置 ……………………………………………… 19
　　第六节　离心机 ………………………………………………… 25
　　第七节　凯氏定氮仪 …………………………………………… 29
　　第八节　冻干机 ………………………………………………… 34
　　第九节　超声波清洗机 ………………………………………… 39
　　第十节　其他生化仪器 ………………………………………… 42

第二章　微生物学实验仪器设备分析技术 …………………………… 47
　　第一节　普通光学显微镜 ……………………………………… 47
　　第二节　高压蒸汽灭菌锅 ……………………………………… 53
　　第三节　干热灭菌箱 …………………………………………… 58
　　第四节　恒温培养箱 …………………………………………… 61
　　第五节　恒温摇床 ……………………………………………… 64
　　第六节　超净工作台 …………………………………………… 69

第三章　细胞生物学实验仪器设备分析技术 ………………………… 73
　　第一节　二氧化碳培养箱 ……………………………………… 73
　　第二节　液氮罐 ………………………………………………… 78
　　第三节　细胞培养实验室 ……………………………………… 87
　　第四节　倒置显微镜 …………………………………………… 93

第四章　分子生物学实验仪器设备分析技术 ………………………… 98
　　第一节　微量移液器 …………………………………………… 98

第二节　PCR 仪 …………………………………………………… 101
　　第三节　凝胶成像仪 ……………………………………………… 106
　　第四节　恒温水浴锅 ……………………………………………… 109
　　第五节　分子杂交仪 ……………………………………………… 111

第五章　大型生物仪器设备分析技术 ………………………………… 114
　　第一节　高效液相色谱仪 ………………………………………… 114
　　第二节　气相色谱仪 ……………………………………………… 130
　　第三节　毛细管电泳仪 …………………………………………… 136
　　第四节　红外光谱仪 ……………………………………………… 143
　　第五节　质谱仪 …………………………………………………… 146
　　第六节　DNA 测序仪 ……………………………………………… 155
　　第七节　流式细胞仪 ……………………………………………… 158
　　第八节　实时荧光定量 PCR 仪 …………………………………… 172

参考文献 ………………………………………………………………… 181

第一章　生物化学实验仪器设备分析技术

第一节　酸　度　计

酸度计用于溶液酸碱度的测定与调节,其实物如图 1.1 所示。酸度计简称 pH 计,由电极和电计两部分组成。使用中若能够合理维护电极,按要求配制标准缓冲液和正确操作电计,可大大减小 pH 的示值误差,进而提高化学实验、医学检验数据的可靠性。

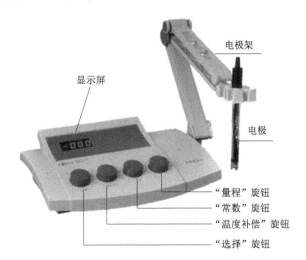

图 1.1　酸度计

一、酸度计的工作原理

酸度计是采用氢离子选择性电极测量液体 pH 值的一种广泛使用的化学分析仪器。其基本原理是:将一个连有内参比电极的可逆氢离子指示电极和一个外参比电极同时浸入某一待测溶液中形成原电池,在一定温度下产生一个内、外参比电极之间的电池电动势,这个电动势与溶液中氢离子的活度有关,而与其他离子的存在基本没有关系。仪器通过测量该电动势的大小，最后将其转化为待测溶液的 pH 值而显示出来。

二、酸度计的组成

1. 电极球泡

电极球泡是由具有氢功能的锂玻璃熔融吹制而成，呈球形，膜厚为 0.1~0.2 mm，电阻值<250 MΩ（25 ℃）。

2. 玻璃支持管

玻璃支持管是支持电极球泡的玻璃管体，由电绝缘性优良的铅玻璃管制成，其膨胀系数应与电极球泡玻璃一致。

3. 内参比电极

内参比电极为银/氯化银电极，主要作用是引出电极电位，要求其电位稳定，温度系数小。

4. 内参比溶液

内参比溶液是指零电位下 pH 为 7 的溶液，是中性磷酸盐和氯化钾的混合溶液。

5. 电极壳

电极壳通常由聚碳酸酯（PC）塑压成型或者由玻璃制成。PC 塑料在有些溶剂中会溶解，如四氯化碳、三氯乙烯、四氢呋喃等，如果测试中含有以上溶剂，就会损坏电极外壳，此时应改用玻璃外壳的 pH 复合电极。

6. 外参比电极

外参比电极为银—氯化银电极，作用是提供与保持一个固定的参比电势，要求电位稳定，重现性好，温度系数小。

7. 外参比溶液

外参比溶液是指氯化钾溶液。

8. 电极导线

电极导线为低噪声金属屏蔽线，内芯与内参比电极连接，屏蔽层与外参比电极连接。

三、酸度计的使用方法

1. 正确使用与保养电极

目前实验室使用的电极都是复合电极，其优点是使用方便，不受氧化性或还原性物质的影响，且平衡速度较快。使用时，将电极加液口上所套的橡胶套和下端的橡皮套全取下，以保持电极内氯化钾溶液的液压差。下面简单介绍一下电极的使用与维护。

（1）复合电极不用时，可充分浸泡在 3 M 氯化钾溶液中，切忌用洗涤液或其他吸水性试剂浸洗。

（2）使用前，检查玻璃电极前端的球泡。在正常情况下，电极应该透明而无裂纹；球泡内要充满溶液，不能有气泡存在。

（3）测量浓度较大的溶液时，应尽量缩短测量时间，用后应仔细清洗，防止被测液黏附在电极上而污染电极。

（4）清洗电极后，不要用滤纸擦拭玻璃膜，而应用滤纸吸干，避免损坏玻璃薄膜，出现交叉污染，影响测量精度。

（5）测量中注意电极的银—氯化银内参比电极应浸入球泡内的氯化物缓冲溶液，避免电计显示部出现数字乱跳现象。使用时，注意将电极轻轻甩几下。

（6）电极不能用于强酸、强碱或其他腐蚀性溶液中。

（7）严禁在脱水性介质如无水乙醇、重铬酸钾等中使用电极。

2. 标准缓冲液的配制及其保存

（1）pH 标准物质应保存在干燥的地方，如混合磷酸盐。pH 标准物质在空气湿度较大时就会发生潮解，一旦出现潮解，pH 标准物质即不可使用。

（2）配制 pH 标准溶液应使用二次蒸馏水或去离子水。如果是用于 0.1 级的 pH 计测量，则可以用普通蒸馏水。

（3）配制 pH 标准溶液应使用较小的烧杯来稀释，以减少沾在烧杯壁上的 pH 标准液。存放 pH 标准物质的塑料袋或其他容器，除了应倒干净以外，还应用蒸馏水多次冲洗，然后将其倒入配制的 pH 标准溶液中，以保证配制的 pH 标准溶液准确无误。

（4）配制好的标准缓冲溶液一般可保存 2~3 个月，如发现有浑浊、发霉或沉淀等现象，不能继续使用。

（5）碱性标准溶液应装在聚乙烯瓶中密闭保存，以防止二氧化碳进入标准溶液后形成碳酸，降低其 pH 值。

3. 酸度计的正确校准

pH 计因电极设计的不同而有很多类型，因而其操作步骤也各有不同，因而 pH 计的操作应严格按照其使用说明书正确进行。在具体操作中，校准是 pH 计使用操作中的一个重要步骤。表 1.1 列出的数据是精度为 0.01 级、经过计量鉴定合格的 pH 计在未校准时与校准后的测量值，从中可以看出校准的重要性。

尽管 pH 计种类很多，但其校准方法均采用两点校准法，即选择两种标准的缓冲液：一种是 pH7 标准缓冲液；另一种是 pH9 标准缓冲液或 pH4 标准缓冲液。先用 pH7 标准缓冲液对电计进行定位，再根据待测溶液的酸碱性选择第二种标准缓冲液。如果待测溶液呈酸性，则选用 pH4 标准缓冲液；如果待测溶液呈碱性,则选用 pH9 标准缓冲液。若是手动调节的 pH 计,应在两种标准缓冲液之间反复操作几次,直至不需再调节其零点和定位(斜率)旋钮,此时,pH 计即可准确显示两种标准缓冲液的 pH 值,校准过程结束。此后,在测量过程中,零点和定位旋钮就不应再动。若是智能式 pH 计,则不需反复调节。因为其内部已贮存几种标准缓冲液的 pH 值可供选择,而且可以自动识别并自动校准;但要注意标准缓冲液选择及其配制的准确性。智能式 0.01 级 pH 计一般内存有 3~5 种标准缓冲液 pH 值,如科立龙公司的 KL-016 型 pH 计等。

表 1.1 pH 计校准前后测量值比较　　　　　单位:pH

标准	校准前误差	校准后误差
13.000	00.060 0	00.000 0
12.000	00.045 0	00.000 5
11.000	00.050 0	00.001 0
10.000	00.030 0	00.000 0
9.000	00.020 0	00.000 5
8.000	00.010 0	00.000 5
7.000	00.001 5	00.000 0
6.000	-00.010 0	-00.000 5
5.000	-00.010 5	00.000 5
4.000	00.015 0	00.000 0
3.000	-00.030 0	00.000 0
2.000	-00.020 0	-00.000 3
1.000	-00.035 0	-00.000 1

其次,在校准前应特别注意待测溶液的温度,以便正确选择标准缓冲液,应调节电计面板上的温度补偿旋钮,使其与待测溶液的温度一致。不同的温度下,标准缓冲溶液的 pH 值是不一样的,如表 1.2 所示。

表 1.2 标准液 pH 值随温度变化的情况

温度/℃	pH7	pH4	pH9
10	6.92	4.00	9.33
15	6.90	4.00	9.28
20	6.88	4.00	9.23
25	6.86	4.00	9.18
30	6.85	4.01	9.14
40	6.84	4.03	9.01
50	6.83	4.06	9.02
50	6.83	4.06	9.02

四、酸度计的使用注意事项

校准工作结束后,对使用频繁的 pH 计,一般在 48 h 内仪器无须再次定标。如果遇到下列情况之一,仪器则需要重新标定:
(1) 溶液温度与定标温度有较大的差异。
(2) 电极在空气中暴露过久,如半小时以上。
(3) 定位或斜率调节器被误动。
(4) 测量过酸(pH<2)或过碱(pH>12)的溶液后。
(5) 换过电极后。
(6) 当所测溶液的 pH 值不在两点定标时所选溶液的中间,且距 pH7 又较远时。

第二节 电 子 天 平

电子天平如图 1.2 所示,用于称量物体的质量。其特点是称量准确可靠,显示快速清晰且具有自动检测系统、简便的自动校准装置以及超载保护等装置。电子天平可用于微量实验药品的准确称量。

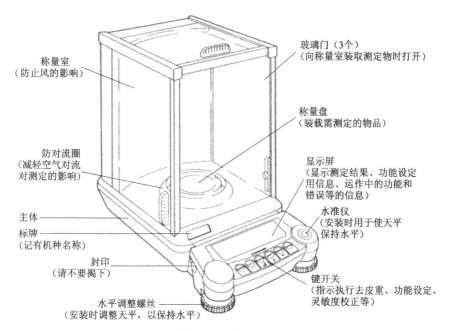

图 1.2 电子天平

一、电子天平的工作原理

电子天平采用现代电子控制技术,利用电磁力平衡原理实现称重,即测量物体时,采用电磁力与被测物体重力相平衡的原理实现测量。当秤盘上加上或除去被称物时,天平会产生不平衡的状态,此时可以通过位置检测器检测到线圈在磁钢中的瞬间位移,通过电磁力自动补偿电路使其电流变化以数字方式显示被测物体的质量。天平在使用过程中会受到所处环境温度、气流、震动、电磁干扰等因素的影响,因此要尽量避免或减少在这些环境下使用。

与其他种类的天平不同,电子天平应用了现代电子控制技术进行称量,无论采用何种控制方式和电路结构,其称量依据都是电磁力平衡原理。其特点是称量准确可靠,显示快速清晰且具有自动检测系统、简便的自动校准装置和超载保护等装置。电子天平的重要特点是在测量被测物体的质量时不用测量砝码的重力,而是采用电磁力与被测物体的重力相平衡的原理来测量物体的质量。秤盘通过支架连杆与线圈连接,线圈置于磁场内。在称量范围内时,被测重物的重力 mg 通过连杆支架作用于线圈上,这时在磁场中若有电流通过,线圈将产生一个电磁力 F,方向向上,可用下式表示:

$$F = KBLI \tag{1.1}$$

式中　K——常数(与使用单位有关);

　　　B——磁感应强度,T;

　　　L——线圈导线的长度,m;

　　　I——通过线圈导线的电流,A。

电磁力 F 因和秤盘上被测物体的重力 mg 大小相等、方向相反而达到平衡。同时在弹性簧片的作用下使秤盘支架回复到原来的位置,即处在磁场中的通电线圈,流经其内部的电流 I 与被测物体的质量成正比,只要测出电流 I 即可知道物体的质量 m。若秤盘上加上或除去被称物时,电子天平则产生不平衡状态,通过位置检测器检测到线圈在磁钢中的瞬态位移,经 PID 调节器和前置放大器产生一个变化量输出,经过一系列处理使流经线圈的电流发生变化,这样使电磁力也随之变化并与被测物相抵消从而使线圈回到原来的位置,达到新的平衡状态。这就是电子天平的电磁力自动补偿电路原理。电流的变化则通过数字显示出被称物体的质量。

天平在使用过程中,其传感器和电路在工作过程中受温度的影响,或传感器随工作时间变化而产生某些参数的变化,以及气流、振动、电磁干扰等环境因素的影响,都会使电子天平温度产生漂移(温漂),造成测量误差。其中，气流、振动、电磁干扰等环境温度的影响可以通过对电子天平的使用条件加以约束，将其影响程度减小到最低限度。而温漂主要是来自环境温度的影响和天平自身的内部影响，其形成的原因复杂，产生的漂移大，必须加以抑制。

二、电子天平的分类

电子天平按精度不同，可分为以下几类。

1. 超微量电子天平

超微量天平的最大称量是 2~5 g，其标尺分度值小于（最大）称量的 10^{-6} g，如 Mettler 的 UMT2 型电子天平。

2. 微量电子天平

微量电子天平的称量一般为 3~50 g，其分度值小于（最大）称量的 10^{-5} g，如 Mettler 的 AT21 型电子天平以及 Sartorius 的 S4 型电子天平。

3. 半微量电子天平

半微量电子天平的称量一般为 20~100 g，其分度值小于（最大）称量的 10^{-5} g，如 Mettler 的 AE50 型电子天平和 Sartorius 的 M25D 型电子天平。

4. 常量电子天平

常量电子天平的最大称量一般为 100~200 g，其分度值小于（最大）称量的10^{-5}，如 Mettler 的 AE200 型电子天平和 Sartorius 的 A120S、A200S 型电子天平。

5. 电子分析天平

电子分析天平其实是常量天平、半微量天平、微量天平和超微量天平的总称。

6. 精密电子天平

精密电子天平是准确度级别为 Ⅱ 级的电子天平的统称。

三、电子天平的使用方法

1. 使用前的准备

（1）使用之前，要预先向管理人员做好预约，做好使用登记。

（2）称重时，工作台一定要保持平稳、牢固、可靠。

（3）用水平仪调整电子天平：电子天平升高，调节右旋前面地脚；电子天平下降，调节左旋前面地脚。在电子天平使用地点调整地脚螺栓的高度，使水平仪内的空气泡正好位于圆环的中央。

（4）插上电源并接通电源（220 V/50 Hz）。

（5）天平通电后，应进行预热，时间应不低于 30 min。

（6）开机。按"开/关"键，显示屏显示全亮，然后显示"CED-CEB"，进入天平的自动检测工作。一切正常时则显示该天平的型号；当天平稳定后，则显示"0"位。

（7）天平的校准。经过预热的天平，在使用前，都应该进行校准，使天平达到最佳的工作状态。

① 清除秤盘上物品的质量，按"去皮"键"TARE"，使天平显示为"0"。

② 按校准键，使天平显示为"C"。

③ 加载校准砝码，将相应数值的校准砝码放在秤盘上。

④ 经过几秒钟后，天平显示校准砝码数值，并发出"嘟——"的一声，说明校准完毕，天平自动回到称重状态。取下砝码即可进行正常工作。

2. 天平的称重步骤

（1）将待称物品放在秤盘上，当稳定标志"g"出现时，表示读数已稳定，此时天平的显示值即为该物品的质量。

（2）如需在秤盘上称第二种物品，可按"去皮"键"TARE"，使天平显示为"0"。

（3）放上第二种物品，显示值即为该物品的质量。

（4）这时，再按"去皮"键"TARE"，使天平显示为"0"。

（5）将秤盘上的物品全部放上，天平显示两物品的总质量。

3. 称量结束后

称量完毕后，按下"I/O"键，盖好防尘罩，不要拔掉电源（长期不使用时拔去电源）。

四、电子天平的使用注意事项

（1）称量时，显示器上出现稳定标记"g"时，再记录质量。

（2）天平的称重方法：

① 减量法。打开天平，当显示"0.000 0"时，在秤盘上放入盛有供试品的称量瓶，记录质量，取出称量瓶，倒出供试品后，再放秤盘，记录质量，相减即得。

② 增量法。打开天平，当显示"0.000 0"时，在秤盘上放入称量瓶，稳定后，按一下控制板的"TARE"键，即可消去称量瓶重，将所需供试品直接放入称量瓶中，记录供试品的质量，即可获得。

③ 在对天平清洗之前，要将仪器与工作电源断开。清洗时，不要使用强力清洗剂，不要把液体渗到仪器内部。在用湿毛巾擦拭后，再用一块干燥的软毛巾擦干。样品剩余物/粉末必须小心地用刷子或后持式吸尘器去除。

五、电子天平的维护保养

（1）将天平置于稳定的工作台上，避免振动、气流及阳光照射。
（2）在使用前调整水平仪气泡至中间位置。
（3）电子天平应按说明书的要求进行预热。
（4）称量易挥发和具有腐蚀性的物品时，要盛放在密闭的容器中，以免腐蚀和损坏电子天平。
（5）经常对电子天平进行自校或定期外校，保证其处于最佳状态。
（6）如果电子天平出现故障应及时检修，不可带"病"工作。
（7）操作天平不可过载使用，以免损坏。
（8）若长期不用电子天平时，应暂时收藏为好。

第三节 分光光度计

分光光度计，又称光谱仪（Spectrometer），是将成分复杂的光分解为光谱线的科学仪器，如图 1.3 所示。测量范围一般包括波长为 400~760 nm 的可见光区和波长为 200~400 nm 的紫外光区。不同的光源都有其特有的发射光谱，因此可采用不同的发光体作为仪器的光源。分光光度计利用分光光度法对物质进行定量定性分析的仪器。分光光度法则是通过测定被测物质在特定波长处或一定波长范围内光的吸收度或发光强度，对该物质进行定性和定量分析的方法。目前已经成为生化与现代分子生物实验室的常规仪器。常用于核酸、蛋白定量以及细菌生长浓度的定量测定。

图 1.3 分光光度计

一、分光光度计的工作原理

分光光度计采用一个可以产生多个波长的光源，通过系列分光装置，从而产生特定波长的光源,光线透过测试的样品后,部分光线被吸收,在计算样品的吸光值后,转化成样品的浓度。样品的吸光值与样品的浓度成正比。

单色光辐射穿过被测物质溶液时,被该物质吸收的量与该物质的浓度和液层的厚度(光路长度)成正比,其关系如下:

$$A = \frac{-\lg I}{I_0} = -\lg T = kLc \tag{1.2}$$

式中　A——吸光度;

　　　I_0——入射的单色光强度,cd;

　　　I——透射的单色光强度,cd;

　　　T——物质的透射率;

　　　k——摩尔吸收系数,L/(mol·cm);

　　　L——被分析物质的光程,即比色皿的边长,cm;

　　　c——物质的浓度,mol/L。

物质对光的选择性吸收波长,以及相应的吸收系数是该物质的物理常数。当已知某纯物质在一定条件下的吸收系数后,可用同样条件将该供试品配成溶液,测定其吸收度,即可由上式计算出供试品中该物质的含量。在可见光区,除某些物质对光有吸收外,很多物质本身并没有吸收,但可在一定的条件下加入显色试剂或经过处理使其显色后再测定,故又称比色分析。由于显色时影响呈色深浅的因素较多,且常使用单色光纯度较差的仪器,故测定时应用标准品或对照品同时操作。

二、分光光度计的光谱范围

1. 发射光谱

不同的光源都有其特有的发射光谱,因此可采用不同的发光体作为仪器的光源。

1) 钨灯的发射光谱

钨灯所发出的 400~760 nm 波长的光谱通过三棱镜折射后,可得到由红、橙、黄、绿、蓝、靛、紫组成的连续色谱;该色谱可作为可见光分光光度计的光源。

2) 氢灯(或氘灯)的发射光谱

氢灯,能发出 185~400 nm 波长的光谱,可作为紫外光光度计的光源。

2. 吸收光谱

1) 如果在光源和棱镜之间放上某种物质的溶液,此时在屏上所显示的光谱已不再是光源的光谱,它出现了几条暗线,即光源发射光谱中某些波长的光因被溶液吸收而消失。这种被溶液吸收后的光谱称为该溶液的吸收光谱。

不同物质的吸收光谱是不同的。因此根据吸收光谱，可以鉴别溶液中所含的物质。

2）当光线通过某种物质的溶液时，透过的光的强度会减弱。因为有一部分光在溶液的表面反射或分散，一部分光被组成此溶液的物质所吸收，因而只有一部分光可透过溶液。

$$入射光=反射光+分散光+吸收光+透过光$$

如果用蒸馏水（或组成此溶液的溶剂）作为"空白"去校正反射、分散等因素造成的入射光的损失，则

$$入射光=吸收光+透过光$$

三、分光光度计的分类

1. 紫外分光光度计

紫外分光光度计可以在紫外可见光区任意选择不同波长的光，如图 1.4 所示。由于各种物质具有各自不同的分子、原子和不同的分子空间结构，其吸收光能量的情况也就不会相同。因此，每种物质就有其特有的、固定的吸收光谱曲线。可根据吸收光谱上的某些特征，如波长处的吸光度的高低，判别或测定该物质的含量。

2. 红外分光光度计

由光源发出的光，被分为能量均等对称的两束：一束为样品光，通过样品；另一束为参考光，作为基准。这两束光通过样品室进入红外分光光度计后，被扇形镜以一定的频率所调制，形成交变信号，然后两束光合为一束，并交替通过入射狭缝进入单色器中，经离轴抛物镜将光束平行地投射在光栅上，色散并通过出射狭缝之后，被滤光片滤除高级次光谱，再经椭球镜聚焦在探测器的接收面上。探测器将上述交变的信号转换为相应的电信号，经放大器进行电压放大后，转入 A/D 转换单位，计算机处理后得到从高波数到低波数的红外吸收光谱图。红外分光光度计如图 1.5 所示。

图 1.4　紫外分光光度计

图 1.5　红外分光光度计

3. 可见光分光光度计

图1.6所示为可见光分光光度计，它是一种结构简单、使用方便的单光束分光光度计，基于样品对单色光的选择吸收特性可用于对样品进行定性和定量分析。其定量分析根据相对测量原理工作，即选定样品的溶剂（或空气）作为标准试样，设定其透射比为100%，被测样品的透射比则通过标准试样而得到。

4. 荧光分光光度计

荧光分光光度计如图1.7所示。它的激发波长扫描范围一般为190～650 nm，发射波长的扫描范围为200～800 nm，可用于液体、固体样品（如凝胶条、粉末）的光谱扫描。

图1.6 可见光分光光度计

图1.7 荧光分光光度计

四、分光光度计的操作方法

（1）接通电源，打开仪器开关，掀开样品室暗箱盖，预热10 min。

（2）将灵敏度开关调至"1"挡（若零点调节器调不到"0"时，需选用较高挡）。

（3）根据所需波长转动"波长"选择按钮。

（4）将空白液及测定液分别倒入比色杯3/4处，用擦镜纸擦净外壁，放入样品室内，使空白管对准光路。

（5）在暗箱盖开启状态下调节零点调节器，使读数盘指针指向"$t=0$"处。

（6）盖上暗箱盖，调节"100"调节器，使空白管的$t=100$，待指针稳定后，逐步拉出样品滑竿，分别读出测定管的光密度值，并记录。

（7）比色完毕，关上电源，并取出比色皿，洗净，样品室用软布或软纸擦净。

五、分光光度计的使用注意事项

（1）该仪器应放在干燥的房间内，使用时应放置在坚固平稳的工作台上，且室内照明不宜太强。热天时不能用电扇直接向仪器吹风，防止灯泡灯丝发亮不稳定。

（2）使用本仪器前，使用者应该首先了解本仪器的结构和工作原理，以及各个操纵旋钮的功能。在未接通电源之前，应该对仪器的安全性能进行检查，电源接线应牢固，通电也要良好，各个调节旋钮的起始位置应该正确，然后再接通电源开关。

（3）在仪器尚未接通电源时，电表指针必须置于"0"刻度线上；若不是这种情况，则可以用电表上的校正螺丝进行调节。

六、分光光度计的维护保养

分光光度计作为一种精密仪器，在运行工作过程中由于工作环境、操作方法等原因，其技术状况必然会发生某些变化，可能影响设备的性能，甚至诱发设备发生故障及事故。因此，分析工作者必须了解分光光度计的基本原理和使用说明，并能及时发现和排除这些隐患。只有对已产生的故障及时维修，才能保证仪器设备的正常运行。

（1）温度和湿度是影响仪器性能的重要因素，二者可以引起机械部件的锈蚀，使金属镜面的光洁度下降，进而引起仪器机械部分的误差或性能下降，造成光学部件如光栅、反射镜、聚焦镜等的铝膜锈蚀，产生光能不足、杂散光、噪声等，甚至使仪器停止工作，从而影响仪器的寿命。维护保养时应定期加以校正，应具备四季恒湿的仪器室，配置恒温设备，特别是对地处南方地区的实验室。

（2）环境中的尘埃和腐蚀性气体亦可以影响机械系统的灵活性，降低各种限位开关、按键、光电耦合器的可靠性；这是造成铝膜锈蚀的原因之一。因此必须定期清洁，防尘，保障环境和仪器室内的卫生条件。

（3）仪器使用一定时期后，内部会积累一定量的尘埃，最好由维修工程师或在工程师的指导下定期开启仪器外罩对内部进行除尘。同时，将各发热元件的散热器重新紧固，对光学盒的密封窗口进行清洁。必要时还可对光路进行校准，对机械部分进行清洁和必要的润滑。最后，恢复原状再进行一些必要的检测、调校与记录工作。

第四节 酶 标 仪

酶标仪如图1.8所示，即酶联免疫检测仪，是酶联免疫吸附实验的专用仪器。它用比色法来分析抗原或抗体的含量，广泛用于各种实验室，包括临床实验室。

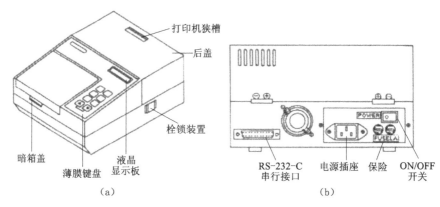

图 1.8 酶标仪

(a) 正面；(b) 背面

一、酶标仪的工作原理

酶标仪实际上就是一台变相的专用光电比色计或分光光度计，其基本工作原理与主要结构和光电比色计基本相同。图 1.8 所示的是一种单通道自动进样的酶标仪。其工作原理图为：光源灯发出的光波经过滤光片或单色器变成一束单色光，照射到塑料微孔极中的待测标本上。该单色光一部分被标本吸收；另一部分则透过标本照射到光电检测器上，光电检测器将这一待测标本的强弱不同的光信号转换成相应的电信号。电信号经前置放大、对数放大、模数转换等信号处理后被送入微处理器进行数据处理和计算，最后由显示器和打印机显示结果。微处理机还通过控制电路控制机械驱动机构 X 方向和 Y 方向的运动来移动微孔板，从而实现自动进样检测。而另一些酶标仪则是采用手工移动微孔板进行检测，因此省去了 X、Y 方向的机械驱动机构和控制电路，从而使仪器更小巧，结构也更简单。

微孔板是一种经事先包埋专用于放置待测样本的透明塑料板，板上有多排大小均匀一致的小孔，孔内都包埋着相应的抗原或抗体，微孔板上每个小孔可盛放零点几毫升的溶液。

光是电磁波，波长为 100～400 nm 称为紫外光，400～780 nm 的光可被人眼观察到，大于 780 nm 称为红外光。人们之所以能够看到色彩，是因为光照射到物体上被物体反射回来。绿色植物之所以是绿色，是因为植物吸收了光中的绿色光谱。酶标仪测定的原理是在特定的波长下，检测被测物的吸光值。

1. 检测单位

光通过被检测物前后的能量差异即被检测物吸收掉的能量，在特定的波长下，同一种被检测物的浓度与被吸收的能量成定量关系。

检测单位用 OD 值表示，OD 是 Optical Density（光密度）的缩写，表示被检测物吸收掉的光密度，OD=lg（1/trans），其中 trans 为检测物的透光值。根据 Bouger-amberT-beer 法则，OD 值与光强度成下述关系：

$$E = OD = \lg \frac{I_0}{I} \tag{1.3}$$

式中　E——被吸收的光密度；

　　　I_0——在检测物之前的光强度，cd；

　　　I——从被检测物出来的光强度，cd。

在特定的波长下测定每一种物质都有其特定的波长。在此波长下，此物质能够吸收最多的光能量。如果选择其他的波长段，就会造成检测结果的不准确。因此，在测定检测物时，尽量选择特定的波长进行检测，称为测量波长。但是每一种物质对光能量还存在一定的非特异性吸收。为了消除这种非特异性吸收，再选取一个参照波长，以消除这个不准确性。在参照波长下，检测物光的吸收最小。检测波长和参照波长的吸光值之差可以消除非特异性吸收。OD 值可由下式计算：

$$E = OD = C \times D \times E \tag{1.4}$$

式中　C——检测物的浓度，mol/L；

　　　D——检测物的厚度，cm；

　　　E——摩尔因子，L/（mol·cm）。

2. 检测值计算

仪器中的检测器接收透过被检测物的光能量，转换成二进位数字信号，最大为 4 095。仪器定义没有光源下的透光值为 0，没有检测物的透光值为 100%。则在实际检测中，检测物的透光值均在 0~100%。透光值的计算如下：

$$T = \frac{\text{Meas} - \text{Min}}{\text{Max} - \text{Min}} \tag{1.5}$$

式中　T——透光值；

　　　Meas——检测的二进位数值；

　　　Min——在 0 的情况下检测的二进位数值；

　　　Max——在 100% 的情况下检测的二进位数值。

举例如下：

若 Max=3 600，Min=20，Meas=30，则：

$$T = \frac{30 - 20}{3\ 600 - 20} = 0.002\ 8$$

$$OD = \lg \frac{1}{T} = \lg \frac{1}{0.0028} = 2.552$$

二、酶标仪的分类

1. 按照滤光方式不同分类

按照滤光方式不同，可将酶标仪分为滤光片式酶标仪和光栅式酶标仪。

1）滤光片式酶标仪

图1.9所示为滤光片式酶标仪。滤光片式酶标仪采用滤光片来进行波长的选择。内置滤光片轮，可选择实验所需不同波长的滤光片来进行分光，光源发出的全波谱光经过滤光片后，大部分被过滤，只剩下滤光片本身允许的波长通过，这样可通过滤光片来获得特定的波长。

2）光栅式酶标仪

图1.10所示为光栅式酶标仪。光栅式酶标仪采用光栅进行分光。当光源发出的全波谱光线经过光栅后，通过光栅上面分布的一系列狭缝的分光，可以获得任意波长的光，且波长连续可调，一般递增量为1 nm。

图1.9 滤光片式酶标仪

图1.10 光栅式酶标仪

2. 按照功能不同分类

按照功能不同，酶标仪可分为光吸收酶标仪、荧光酶标仪、化学发光酶标仪和多功能酶标仪。

1）光吸收酶标仪

图1.11所示为光吸收酶标仪，用来进行可见光与紫外光吸光度的检测。特定波长的光通过微孔板中的样品后，光能量被吸收，而被吸收的光能量与样品的浓度呈一定的比例关系，由此可以用来进行定性和定量的检测。

2）荧光酶标仪

图1.12所示为荧光酶标仪，用来进行荧光的检测。当通过激发光栅分光后的特定波长的光照射到被荧光物质标定的样品上后，会发出波长更长的发

射光，发射光通过光栅后到达检测器。荧光的强度与样品的浓度呈一定的比例关系。

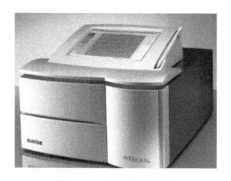

图 1.11 光吸收酶标仪

图 1.12 荧光酶标仪

3) 化学发光酶标仪

图 1.13 所示为化学发光酶标仪，用来检测来自生物化学反应中的自发光，可分为辉光型和闪光型两种类型。辉光型发光持久、稳定，能持续一段时间；闪光型发光时间短、变化快，稳定性不强，需要应用自动加样器才可以进行。来自化学反应中发出的光子数与样品量呈一定的比例关系。化学发光酶标仪灵敏度非常高，动力学范围广。

4) 多功能酶标仪

图 1.14 所示为多功能酶标仪，它可以同时进行光吸收、荧光和化学发光的检测。

图 1.13 化学发光酶标仪

图 1.14 多功能酶标仪

三、酶标仪的工作环境

酶标仪是一种精密的光学仪器，因此良好的工作环境不仅能确保其准确性和稳定性，还能够延长其使用寿命。根据 DIN VDE 0871 条例，仪器应放置在无磁场和干扰电压的位置。依据 DIN 45635-19 条例，酶标仪的使用应符合下列条件：

（1）仪器应放置在低于 40 dB 的环境下。

（2）为延缓光学部件的老化，应避免阳光直射。

（3）操作时环境温度应在 15~40 ℃，环境湿度应在 15%~85%。

（4）操作电压应保持稳定。

（5）操作环境应空气清洁，避免水汽、烟尘。

（6）应放置在干燥、干净、水平的工作台面上，必须有足够的操作空间。

四、酶标仪的使用方法

仪器应在防尘、洁净环境中使用，计算机暂时不用，应在"Special"对话框中选择"Sleep"栏，休眠以保护屏幕；酶标仪暂时不测样品，按"Drawer"键收回酶标板载框；仪器使用完毕后，应盖上防尘布。下面以多功能酶标仪为例来说明。

（1）接通接线板电源，开启酶标仪 SpectraMAX 250（仪器背面）及计算机开关。

（2）待计算机自检后，单击菜单上的键进入 SoftMAX 软件。根据所处理样品的类别（活性、EGF、TNF、bFGF、IFN、G-CSF、GM-CSF）(ELISA、NGF、Ecoli.Pr) 进入相应的文件夹。

（3）选择一个已存在的文件进入后，按"Template"键和"Setup"键检查模板设定与测定波长是否与待测样品板相符。

如不符：单击"设定波长"键，出现相应的设定菜单。

① 单击"Clear"键，消除原模板。

② 单击"Group"键，选择"Stander、Sample 或 Unknow"编组。

③ 单击"Series"键，设定读数顺序和标准或样品组的起始浓度；选择"Step by"选项确定梯度模式；完成后单击"确认"键。

（4）放入待测样品板后，按"Read"键，当屏幕上出现"Replace or Cancle"的菜单后，按"Replace"键覆盖原数据（原数据并未丢失）。

（5）读数结束后立即在"File"对话框内选择"Save as"项保存现有数据并命名。

（6）保存后在"Stand Curve"栏选择相应的曲线拟合方程，在"File"对话框中选择"Print"选项打印数据。打印前检查打印机纸张。

注：打印机由计算机远程终端控制，无须动手。

（7）打印结束后，关闭当前文档，根据需要取舍对现有数据的修改。

（8）退出文件夹。

（9）按"酶标仪"键，使酶标板载框收入机内，关闭酶标仪电源。

（10）在 Apple Power Macintosh J 200/720 上的"Special"对话框内选择"Shut Down"选项，关闭计算机。

（11）关闭插座电源，用布将仪器设备盖好以防尘。

五、酶标仪的使用注意事项

酶标仪的功能是用来读取酶联免疫试剂盒的反应结果的，因此要得到准确结果，试剂盒的使用必须规范。许多医院在使用酶标仪之前是通过目测判断结果，操作过程随意性较大。在使用酶标仪后如果不能及时纠正操作习惯，会造成较大的误差。在酶标仪的操作中应注意以下事项：

（1）使用加液器加液，加液头不能混用。

（2）洗板要洗干净，如果条件允许，使用洗板机洗板，避免交叉污染。

（3）严格按照试剂盒的说明书操作，以保证反应时间准确。

（4）在测量过程中，请勿碰酶标板，以防酶标板传送时挤伤操作人员的手。

（5）请勿将样品或试剂洒到仪器表面或内部，操作完成后要洗手。

（6）如果使用的样品或试剂具有污染性、毒性和生物学危害，请严格按照试剂盒的操作说明，以防对操作人员造成损害。如果仪器接触过污染性或传染性物品，要进行清洗和消毒。

（8）不要在测量过程中关闭电源。

（9）对于因试剂盒问题造成测量结果的偏差，应根据实际情况及时修改参数，以达到最佳效果。

（10）使用后要盖好防尘罩。

（11）出现技术故障时应及时与厂家联系，切勿擅自拆卸酶标仪。

第五节　电　泳　装　置

图 1.15 所示为电泳装置。电泳装置除了用于小分子物质的分离分析外，主要用于蛋白质、核酸、酶以及病毒与细胞的研究，目前已被广泛地应用于分析化学、生物化学、临床化学、毒剂学、药理学、免疫学、微生物学、食品化学等各个领域。

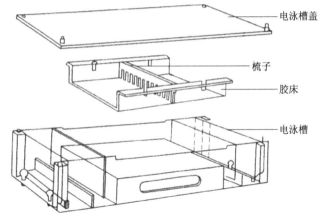

图 1.15　电泳装置

一、电泳装置的工作原理

生物大分子如蛋白质、核酸、多糖等大多都有阳离子和阴离子基团，称为两性离子。常以颗粒状分散在溶液中，它们的静电荷取决于介质的 H^+ 浓度或与其他大分子的相互作用。在电场中，带电颗粒向阴极或阳极迁移，迁移的方向取决于它们带电的符号，这种迁移现象即所谓电泳。

在确定的条件下，带电粒子在单位电场强度的作用下，单位时间内移动的距离（迁移率）为常数，是该带电粒子的物化特征性常数。不同带电粒子因所带电荷不同，或虽所带电荷相同但荷质比不同，在同一电场中电泳，经一定时间后，由于移动距离不同而相互分离。分开的距离与外加电场的电压与电泳时间成正比。

二、电泳装置的分类

电泳装置可分为移动界面电泳、区带电泳、等电聚焦电泳和等速电泳 4 种。

1. 移动界面电泳

移动界面电泳是将被分离的离子（如阴离子）混合物置于电泳槽的一端（如负极），在电泳开始前，样品与载体电解质有清晰的界面。电泳开始后，带电粒子向另一极（正极）移动。其中，泳动速度最快的离子走在最前面，其他离子依电极速度快慢按顺序排列，形成不同的区带。只有第一个区带的界面是清晰的，可达到完全分离，其中含有电泳速度最快的离子；其他大部分区带重叠。

2. 区带电泳

区带电泳是在一定的支持物上，于均一的载体电解质中，将样品加在中部位置,在电场作用下,样品中带正或负电荷的离子分别向负或正极以不同速度移动,分离成一个个彼此隔开的区带。区带电泳按支持物的物理性状不同,又可分为纸和其他纤维膜电泳、粉末电泳、凝胶电泳与丝线电泳。

3. 等电聚焦电泳

等电聚焦电泳是将两性电解质加入盛有 pH 梯度缓冲液的电泳槽中,当其处在低于其本身等电点的环境中,则带正电荷,向负极移动;若其处在高于其本身等电点的环境中,则带负电荷,向正极移动。当泳动到其自身特有的等电点时,其净电荷为零,泳动速度下降到零。最后,具有不同等电点的物质聚焦在各自等电点位置,形成一个个清晰的区带,分辨率极高。

4. 等速电泳

等速电泳是在样品中加有领先离子(其迁移率比所有被分离离子的大)和终末离子(其迁移率比所有被分离离子的小),样品加在领先离子和终末离子之间,在外电场作用下,各离子进行移动,经过一段时间电泳后,达到完全分离。被分离的各离子的区带按迁移率大小依序排列在领先离子与终末离子的区带之间。由于没有加入适当的支持电解质来载带电流,因此所得到的区带是相互连接的,且因"自身校正"效应,界面是清晰的。这是与区带电泳的不同之处。

三、电泳装置的操作方法

下面以水平板电泳和垂直板电泳为例来介绍操作方法。

1. 水平板电泳的操作方法

(1) 先把凝胶托盘放在平台上,把挡板插入槽中。将融化的琼脂糖溶液冷至 55 ℃,用少量琼脂糖凝胶将玻璃板封边,放置样品梳。接着将融化的琼脂糖凝胶溶液不间断地倒在模子中(厚度依样品浓度而定,须注意避免气泡混入),使其在室温下自然凝固。

(2) 待凝胶聚合后,轻轻拔掉挡板和梳子。注意先拔一侧,垂直拔出会使胶孔产生空隙,导致部分凝胶被带出。把凝胶托盘移入电泳槽,加入缓冲液,使凝胶全部被浸没。(注意:加样孔靠近负极一端)

(3) 在梳井内加样,注意避免引入气泡;枪头不能插入太深,防止穿透胶块。

(4) 盖好盖,连接电泳仪电源与电泳槽之间的电泳导线。

(5) 注意不要接错正负极,检查无误后接通电泳仪电源。根据凝胶板的厚薄选择适宜的电压与电流。

(6) 当溴酚蓝指示剂前沿到达胶的底部 3/4 处时,停止电泳。电泳实验结束,先关闭电泳仪电源,随之拔除电泳导线,然后打开泳槽上盖,取出凝胶托盘。

（7）将凝胶移至染色区的通风橱内，用 EB 染色液染色 10~20 min，然后将胶片转移至冲洗盘，冲洗掉多余的 EB 染色液，再转移到海绵上，进行两次彻底的吸水，直至胶片上没有水痕时，用保鲜膜包裹胶片，转移至凝胶成像仪中进行凝胶成像。

2. 垂直板电泳的操作方法

（1）用去污剂将凝胶玻璃板反复擦洗晒干，再用无水乙醇擦净表面。

（2）制胶时，首先挑选适合凝胶厚度的电泳玻璃，采取凹形玻璃板（简称凹板）在内芯内侧，矩形玻璃板（简称平板）在内芯外侧的方向，顺着内芯一侧的紧固侧板小心放入。

（3）选择平整操作台面（建议在玻璃板上操作）。当玻璃放入内芯后，确认凹、平板的底部边缘均与台面对齐，再拧紧紧固旋钮。

（4）将装好玻璃板的内芯安装在制胶底座上，压紧吊扣。

（5）将配制好的分离胶溶液缓慢地向凝胶腔内注入，注意不要产生气泡。

（6）分离胶灌完后，用滴管在分离胶表面轻轻注入一层正丁醇溶液或蒸馏水，以保证分离胶的无氧聚合。

（7）当分离胶聚合后，倒出表面的正丁醇溶液或蒸馏水，并用吸纸吸干。

（8）在分离胶表面注入浓缩胶，注入高度距凹板下沿 2~3 mm 或与之平齐。

（9）向凝胶内插入相应的加样梳。

（10）特别注意在灌胶时无论是灌分离胶或是浓缩胶，在凝胶没有聚合时，不要移动制胶器，以确保凝胶表面的平整，保证最终的电泳效果。

（11）当凝胶聚合后，取出梳子，打开搭钩，从制胶器中取出内芯，放入电泳槽底，制胶过程结束。

（12）上样加满电泳液后，分别吸取 20 μL 样品上样，取恒压 100 V 的电泳，跑至分离胶时改为 200 V。

（13）电泳结束，取下凝胶，将考马斯亮蓝 R-250 染色 3.5 h 或者过夜。次日更换脱色液进行脱色，观察垂直板电泳的结果。

四、电泳装置的构成

电泳装置由电泳槽和电源构成。

1. 电泳槽

电泳槽是电泳系统的核心部分，根据电泳的原理，电泳支持物都是放在两个缓冲液之间，电场通过电泳支持物连接两个缓冲液，不同电泳采用不同的电泳槽。常用的电泳槽有圆盘电泳槽、垂直板电泳槽和水平电泳槽三种。

1）圆盘电泳槽

圆盘电泳槽有上、下两个电泳槽和带有铂金电极的盖。上槽中具有若干孔，孔不用时，用硅橡皮塞塞住。电泳管的内径早期为 5~7 mm，为保证冷却和微量化，现在则越来越细。

2）垂直板电泳槽

垂直板电泳槽的基本原理和结构与圆盘电泳槽基本相同。差别只在于制胶和电泳不在电泳管中，而是在块垂直放置的平行玻璃板中间。

3）水平电泳槽

水平电泳槽的形状各异，但结构大致相同。一般包括电泳槽基座，冷却板和电极。

2. 电源

要使荷电的生物大分子在电场中泳动，必须加电场，且电泳的分辨率和电泳速度与电泳时的电参数密切相关。不同的电泳技术需要不同的电压、电流和功率范围。所以选择电源主要根据电泳技术的需要，如聚丙烯酰胺凝胶电泳和 SDS 电泳需要 200~600 V 的电压。

五、电泳装置的影响因素

1. 电泳介质的 pH 值

溶液的 pH 值决定带电物质的解离程度，也决定物质所带净电荷的多少。对蛋白质、氨基酸等类似两性电解质，pH 值离等电点越远，粒子所带电荷越多，泳动速度越快；反之越慢。因此，当分离某一种混合物时，应选择一种能扩大各种蛋白质所带电荷量差别的 pH 值，以利于各种蛋白质的有效分离。为了保证电泳过程中溶液的 pH 值恒定，必须采用缓冲溶液。

2. 缓冲液的离子强度

溶液的离子强度（Ion Intensity），是指溶液中各离子的摩尔浓度与离子价数平方积的总和的 1/2。带电颗粒的迁移率与离子强度的平方根成反比。低离子强度时，迁移率快，但离子强度过低，缓冲液的缓冲容量小，不易维持 pH 恒定；高离子强度时，迁移率慢，但电泳谱带要比低离子强度时细窄，通常溶液的离子强度在 0.02~0.2。

3. 电场强度

电场强度（也叫电势梯度，Electric Field Intensity）是指每厘米的电位降（电位差或电位梯度）。电场强度对电泳速度起正比作用。电场强度越高，带电颗粒移动速度越快。根据实验的需要，电泳可分为两种：一种是高压电泳，所用电压在 500~1 000 V 或更高。由于电压高，电泳时间短（有的样品只需数分钟），适用于低分子化合物的分离，如氨基酸、无机离子，包括部分聚焦电泳分离及序列电泳的分离等。因电压高，产热量大，必须装有冷却装置，否则热量可引起蛋白质等物质的变性而不能分离，还因发热引起缓冲液中水分蒸发过多，使支持物（滤纸、薄膜或凝胶等）上离子强度增加，以及引起虹吸现象（电泳槽内液被吸到支持物上），等等，这都会影响物质的分离。另一种为常压电泳，产热量小，室温在 10~25 ℃ 分离蛋白质，标本是不会被破坏的，无须冷却装置，一般分离时间长。

4. 电渗现象

在电场中，液体对于一个固体的固定相相对移动称为电渗。在有载体的电泳中，影响电泳移动的一个重要因素是电渗。最常遇到的情况是 γ-球蛋白由原点向负极移动，这就是电渗作用所引起的倒移现象。产生电渗现象的原因是载体中常含有可电离的基团，如滤纸中含有羟基而带负电荷，而与滤纸相接触的水溶液带正电荷，则液体便向负极移动。由于电渗现象往往与电泳同时存在，所以带电粒子的移动距离也受电渗影响。如电泳方向与电渗相反，则实际电泳的距离等于电泳距离加上电渗的距离。琼脂中含有琼脂果胶，其中含有较多的硫酸根，所以在琼脂电泳时电渗现象很明显，许多球蛋白均向负极移动。除去了琼脂果胶后的琼脂糖用作凝胶电泳时，电渗则大为减弱。电渗所造成的移动距离可用不带电的有色染料或有色葡聚糖点在支持物的中心，以观察电渗的方向和距离。

六、电泳装置的技术应用

（1）聚丙烯酰胺凝胶电泳可用作蛋白质纯度的鉴定。聚丙烯酰胺凝胶电泳同时具有电荷效应和分子筛效应，可以将分子大小相同而带不同数量电荷的物质分离开，而且还可以将带相同数量电荷而分子大小不同的物质分离开。其分辨率远远高于一般层析方法和电泳方法，可以检出 10^{-12}~10^{-9} g 的样品，且重复性好，没有电渗作用。

（2）SDS 聚丙烯酰胺凝胶电泳可测定蛋白质分子量。其原理是带大量电荷的 SDS 结合到蛋白质分子上，克服了蛋白质分子原有电荷的影响而得到恒定的荷质比。SDS 聚丙烯酰胺凝胶电泳测蛋白质分子量已经比较成功，此法测定时间短，分辨率高，所需样品量极少（1~100 μg），但只适用于球形或基本上呈球形的蛋白质。某些蛋白质不易与 SDS 结合，如木瓜蛋白酶、核糖核酸酶等，此时测定结果就不准确。

（3）聚丙烯酰胺凝胶电泳可用于蛋白质定量。电泳后的凝胶经凝胶扫描仪扫描，从而给出定量的结果。凝胶扫描仪主要用于对样品单向电泳后的区带和双向电泳后的斑点进行扫描。

（4）琼脂或琼脂糖凝胶免疫电泳可用于下列几种情况：
①检查蛋白质制剂的纯度；
②分析蛋白质混合物的组分；
③研究抗血清制剂中是否具有抗某种已知抗原的抗体；
④检验两种抗原是否相同。

七、电泳装置的维护保养

使用时注意保持电泳槽的清洁；使用后要彻底清洗，可用海绵蘸少许洗衣粉、洗涤剂清洗，再用无离子水冲洗干净，放在无灰尘处晾干备用。

第六节 离 心 机

离心机是利用离心力分离液体与固体颗粒或液体与液体的混合物中各组分的机械。离心机主要用于将悬浮液中的固体颗粒与液体分开；或将乳浊液中两种密度不同又互不相溶的液体分开（如从牛奶中分离出奶油）。它也可用于排除湿固体中的液体，如用洗衣机甩干湿衣服。特殊的超速管式分离机还可分离不同密度的气体混合物。利用不同密度或粒度的固体颗粒在液体中沉降速度不同的特点，有的沉降离心机还可对固体颗粒按密度或粒度进行分级。离心机大量应用于化工、石油、食品、制药、选矿、煤炭、水处理和船舶等部门。图 1.16 所示为高速冷冻离心机，图 1.17 所示为不同规格的离心机转子。

图 1.16　高速冷冻离心机

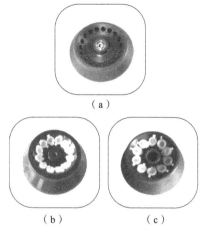

图 1.17　不同规格的离心机转子
(a) 16×1.5 mL；(b) 12×1.5 mL；(c) 10×5 mL

一、离心机的工作原理

当含有细小颗粒的悬浮液静置不动时，受重力场的作用，悬浮的颗粒会逐渐下沉。粒子的质量越大，下沉越快；反之密度比液体小的粒子就会上浮。微粒在重力场下移动的速度与微粒的大小、形态和密度有关，还与重力场的强度及液体的黏度有关。像红血球大小的颗粒，直径为数微米，就可以在通常重力作用下观察它们的沉降过程。

此外，物质在介质中沉降时还伴随有扩散现象。扩散是无条件的，是绝对的。扩散与物质的质量成反比，颗粒越小扩散越严重；而沉降是相对的，有条件的，要受到外力才能运动。沉降与物体质量成正比，颗粒越大沉降越快。对小于几微米的微粒，如病毒或蛋白质等，它们在溶液中成胶体或半胶体状态，仅仅利用重力是不可能观察到沉降过程的。因为颗粒越小，沉降越慢，而扩散现象则越严重。所以需要利用离心机产生强大的离心力，才能迫使这些微粒克服扩散产生沉降运动。

离心就是利用离心机转子高速旋转产生强大的离心力，来加快液体中颗粒的沉降速度，把样品中不同沉降系数和浮力密度的物质分离开。

二、离心机的分类

1. 按分离因素 Fr 值不同分类

分离因素 Fr 是指物料在离心力场中所受的离心力与物料在重力场中所受到的重力之比值。

按分离因素 Fr 值不同，离心机可分为以下几种类型。

1）常速离心机

$Fr \leqslant 3\,500$（一般为 $600 \sim 1\,200$）。这种离心机的转速较低，直径较大。

2）高速离心机

$Fr = 3\,500 \sim 50\,000$。这种离心机的转速较高，一般转鼓直径较小，而长度较长。

3）超高速离心机

$Fr > 50\,000$。由于这种离心机的转速很高（$50\,000$ r/min 以上），所以一般将转鼓做成细长管式。

2. 按操作方式不同分类

按操作方式不同，离心机可分为以下几种类型。

1）间隙式离心机

间隙式离心机的加料、分离、洗涤和卸渣等过程都是间隙操作，并采用人工、重力或机械方法卸渣，如三足式和上悬式离心机。

2）连续式离心机

连续式离心机的进料、分离、洗涤和卸渣等过程，有间隙自动进行和连续自动进行两种。

3. 按卸渣方式不同分类

按卸渣方式不同，离心机可分为以下几种类型。

（1）刮刀卸料离心机：工序间接，操作自动。

（2）活塞推料离心机：工序半连续，操作自动。

（3）螺旋卸料离心机：工序连续，操作自动。

（4）离心力卸料离心机：工序连续，操作自动。

（5）振动卸料离心机：工序连续，操作自动。

（6）颠动卸料离心机：工序连续，操作自动。

4. 按工艺用途不同分类

按工艺用途不同，离心机可分为过滤式离心机和沉降式离心机。

5. 按安装方式不同分类

按安装方式不同，离心机可分为立式、卧式、倾斜式、上悬式和三足式等。

三、离心机的操作方法

（1）使用各种离心机时，必须事先在天平上精密地平衡离心管和其内容物，平衡时质量之差不得超过各个离心机说明书上所规定的范围。每个离心机不同的转头有各自的允许差值，转头中绝对不能装载单数的管子。当转头只是部分装载时，管子必须互相对称地放在转头中，以便使负载均匀地分布在转头的周围。

（2）若要在低于室温的温度下离心时，转头在使用前应放置在冰箱或置于离心机的转头室内预冷。

（3）离心过程中不得随意离开，应随时观察离心机上的仪表是否正常工作。如有异常的声音应立即停机检查，及时排除故障。

（4）每个转头各有其最高允许转速和使用累积限时，使用转头时要查阅说明书，不得过速使用。每一转头都要有一份使用档案，记录累积的使用时间。若超过了该转头的最高使用限时，则须按规定降速使用。

（5）装载溶液时，要根据各种离心机的具体操作说明进行，应根据待离心液体的性质及体积选用适合的离心管。有的离心管无盖，液体不得装得过多，以防离心时甩出，造成转头不平衡，生锈或被腐蚀；而制备性超速离心机的离心管，则常常要求必须将液体装满，以免离心时塑料离心管的上部凹陷变形。每次使用后，必须仔细检查转头，及时清洗，擦干。转头是离心机中须重点保护的部件，搬动时要小心，不能碰撞，以免造成伤痕。转头长时间不用时，要涂上一层上光蜡保护，严禁使用显著变形、损伤或老化的离心管。

四、离心机的使用守则与注意事项

1. 使用守则

（1）离心机在预冷状态时，离心机盖必须关闭；离心结束后取出的转头要倒置于实验台上，擦干腔内余水，此时离心机盖处于打开状态。

（2）转头在预冷时，转头盖可摆放在离心机的平台上，或摆放在实验台上。千万不可不拧紧浮放在转头上，因为一旦误启动，转头盖就会飞出，造成事故！

（3）转头盖在拧紧后一定要用手指触摸转头与转盖之间有无缝隙。如有缝隙要拧开重新拧紧，直至确认无缝隙后方可启动离心机。

（4）在离心过程中，操作人员不得离开离心机室，一旦发生异常情况操作人员不能关电源"POWER"键，要按"STOP"键。在预冷前要填写好离心机使用记录。

（5）不得使用伪劣的离心管，不得用老化、变形，有裂纹的离心管。

（6）在节假日和晚间最后一个使用离心机须例行安全检查后方能离去。

（7）在仪器使用过程中发生机器故障、部件损坏情况时要及时与生产厂家联系。

2. 注意事项

实验室常用的是电动离心机。电动离心机转动速度快，要注意安全，特别要防止在离心机运转期间，因不平衡或试管垫老化，而使离心机边工作边移动，以致从实验台上掉下来；若盖子未盖，离心管受振动破裂后，玻璃碎片会旋转飞出，造成事故。因此使用离心机时，必须注意以下事项。

（1）离心机套管底部要垫棉花或试管垫。

（2）电动离心机如有噪声或机身振动时，应立即切断电源，及时排除故障。

（3）离心管必须对称放入套管中，防止机身振动。若只有一支样品管，另外一支要用等质量的水代替。

（4）启动离心机时，应盖上离心机顶盖后，方可慢慢启动。

（5）分离结束后，先关闭离心机，在离心机停止转动后，方可打开离心机盖，取出样品。不可用外力强制使其停止运动。

五、离心机的维护保养

1. 离心机的维护

（1）使用水或柔和的清洁剂清洗转子室及转子，不应使用碱性溶液或对材料有磨蚀的溶剂。

(2) 使用抹布或镊子移出转子室内的赃物、碎片。

(3) 离心机未使用时应打开顶盖，保持转子室干燥，以避免电动机轴承磨损。

(4) 离心有毒、放射性、污染样品时必须有特殊的安全保护措施。

2. 离心机附件的维护

(1) 如有离心管颜色变化、变形、泄漏等情形，必须停止使用。

(2) 对离心管进行高温高压消毒时不要拧上管帽，避免管子变形。

(3) 每种离心管消毒可耐温度见用户手册此节列表。

(4) 离心机尽量与其他用电设备保持一定的距离，且有良好的接地措施，并进行定期检查。

(5) 离心机和转子不得用高强度 UV 辐射或长时间受热。

(6) 清洗时应用中性洗涤剂。

(7) 如需要，转子可更换。重新安装后，上紧转头螺钉。

3. 转头销钉的维护

转头销钉需经常用润滑油润滑，确保离心机运转平稳。

4. 冷凝器的维护

(1) 冷凝器用来冷却冷冻剂，安装于离心机后部，采用风冷方式。

(2) 冷凝器应定期清理灰尘，以免传热受阻。

5. 转子腔体及附件的灭菌和消毒

由于离心机及附件由不同材料制成，所以必须考虑到消毒剂的相容性。

6. 离心机的操作检查

操作者应确保离心机重要部件完好，主要指：

(1) 电动机悬挂稳定；

(2) 转轴无偏离；

(3) 转子和附件没有腐蚀；

(4) 螺钉连接紧固；

(5) 地线必须定期检查。

第七节　凯氏定氮仪

凯氏定氮仪是根据蛋白质中氮的含量恒定的原理，通过测定样品中氮的含量来计算蛋白质含量的仪器，非常适合实验室及检验机构的常规检测。图 1.18 所示为凯氏定氮仪，其广泛用于食品、农作物、种子、土壤、肥料等样品含氮量或蛋白质含量的分析。

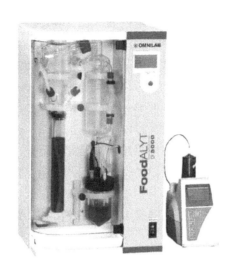

图 1.18 凯氏定氮仪

一、凯氏定氮仪的工作原理

首先,将有机化合物与硫酸共热,使其中的氮转化为硫酸铵。在这一步中,经常会向混合物中加入硫酸钾来提高中间产物的沸点。样本分析过程的终点很好判断,因为这时混合物会变得无色且透明(开始时很暗)。

其次,在得到的溶液中加入少量氢氧化钠,然后蒸馏。这一步会将铵盐转化成氨。而总氨量(由样本的含氮量直接决定)会由反滴定法确定。冷凝管的末端会浸在硼酸溶液中。氨会和酸反应,而过量的酸则会在甲基橙的指示下用碳酸钠滴定。滴定所得的结果乘以特定的转换因子就可以得到结果。

二、凯氏定氮仪的操作方法

1. 消化

准备 6 个凯氏烧瓶,并标号。在 1、2、3 号烧瓶中分别加入适当浓度的蛋白溶液 1.0 mL。样品要加到烧瓶底部,切勿沾在瓶口及瓶颈上。再依次加入硫酸钾-硫酸铜接触剂 0.3 g,浓硫酸 2.0 mL,30% 过氧化氢 1.0 mL。4,5,6 号烧瓶作为空白对照,用以测定试剂中可能含有的微量含氮物质,对样品测定进行校正。4、5、6 号烧瓶中加入蒸馏水 1.0 mL 代替样液,其余所加试剂与 1、2、3 号烧瓶相同。将加好试剂的各烧瓶放置在消化架上,接好抽气装置。先用微火加热煮沸,此时烧瓶内物质会炭化变黑,并产生大量泡沫,务必注意防止气泡冲出管口。待泡沫消失停止产生后,加大火力,保持瓶内液体微沸,至溶液澄清后,再继续加热使消化液微沸 15 min。在消化过程中要随时转动烧瓶,以使内壁黏着物质均能流入底部,以保证样品完全消化。消化时放出的气体内含 SO_2,具有强烈的刺激性,因此自始至终应打开抽水泵将气体抽入自来水排出。整个消化过程均应在通风橱中进行。消化完全后,关闭火焰,使烧瓶冷却至室温。

2. 蒸馏和吸收

蒸馏和吸收是在微量凯氏定氮仪内进行的。凯氏定氮蒸馏装置种类甚多,大体上都是由蒸汽发生、氨的蒸馏和氨的吸收三部分组成的。

1) 仪器的洗涤

仪器安装前,各部件需经一般方法洗涤干净,所用橡皮管、塞须浸在 10% NaOH 溶液中,煮约 10 min,水洗、水煮 10 min,再用水洗数次,然后安装并固定在一个铁架台上。仪器使用前,全部微量管道都须经水蒸气洗涤,以除去管道内可能残留的氨。正在使用的仪器,每次测样前,蒸汽洗涤 5 min 即可;较长时间未使用的仪器,需重复蒸汽洗涤,不得少于三次,并检查仪器是否正常。仔细检查各个连接处,保证不漏气。首先在蒸汽发生器中加约 2/3 体积的蒸馏水,加入数滴硫酸使其保持酸性,以避免水中的氨被蒸出而影响结果,并放入少许沸石(或毛细管等),以防爆沸。然后沿小玻杯壁加入蒸馏水约 20 mL,让水经插管流入反应室,但玻杯内的水不要放光,塞上棒状玻塞,保持水封,防止漏气。蒸汽产生后,立即关闭废液排放管上的开关,使蒸汽只能进入反应室,使反应室内的水迅速沸腾,蒸出的蒸汽由反应室上端口通过定氮球进入冷凝管冷却,在冷凝管下端放置一个锥形瓶接收冷凝水。从定氮球发烫开始计时,连续蒸煮 5 min,然后移开煤气灯。冲洗完毕,夹紧蒸汽发生器与收集器之间的连接橡胶管。由于气体冷却压力降低,反应室内废液自动抽到反应室外壳中。打开废液排出口夹子放出废液。如此清洗 2~3 次,再在冷凝管下换放一个盛有硼酸-指示剂混合液的锥形瓶使冷凝管下口完全浸没在溶液中,蒸馏 1~2 min,观察锥形瓶内的溶液是否变色。如不变色,表示蒸馏装置内部已洗干净。移去锥形瓶,再蒸馏 1~2 min,用蒸馏水冲洗冷凝器下口,关闭煤气灯,仪器即可供测样品使用。

2) 无机氮标准样品的蒸馏吸收

由于定氮操作烦琐,为了熟悉蒸馏和滴定的操作技术,初学者宜先用无机氮标准样品进行反复练习,再进行有机氮未知样品的测定,常用已知浓度的标准硫酸铵测试三次。取洁净的 100 mL 锥形瓶 5 只,依次加入 2% 的硼酸溶液 20 mL、次甲基蓝-甲基红混合指示剂（呈紫红色）3~4 滴，盖好瓶口待用。取其中一只锥形瓶承接在冷凝管下端，并使冷凝管的出口浸没在溶液中。注意：在此操作之前必须先打开收集器活塞，以免锥形瓶内液体倒吸。准确吸取 2 mL 硫酸铵标准液加到玻杯中，小心提起棒状玻塞使硫酸铵溶液慢慢流入蒸馏瓶中，用少量蒸馏水冲洗小玻杯 3 次，一并放入蒸馏瓶中。然后用量筒向小玻杯中加入 10 mL 30% 的 NaOH 溶液，使碱液慢慢流入蒸馏瓶中；在碱液尚未完全流入时，将棒状玻塞盖紧。向小玻杯中加约 5 mL 的蒸馏水，再慢慢打开玻塞，使一半水流入蒸馏瓶，一半留在小玻杯中作水封。关闭收集器活塞，加热蒸汽发生器，进行蒸馏。锥形瓶中的硼酸-指示剂混合液由于吸收了氨，由紫红色变成绿色。自变色时起，再蒸馏 3~5 min，移动锥形瓶使瓶内液面离开冷凝管下口约 1 cm，并用少量蒸馏水冲洗冷凝管下口，再继续蒸馏 1 min，移开锥形瓶，盖好，准备滴定。在一次蒸馏完毕后，移去煤气灯，夹紧蒸汽发生器与收集器间的橡胶管，排除反应完毕的废液，用水冲洗小玻杯几次，并将废液排除。如此反复冲洗干净后，即可进行下一个样品的蒸馏。按以上方法用标准硫酸铵再做两次。另取 2 mL 蒸馏水代替标准硫酸铵进行空白测定两次。将各次蒸馏的锥形瓶一起滴定。

3）未知样品及空白的蒸馏吸收

将消化好的蛋白样品 3 支、空白对照液 3 支，依次做蒸馏吸收。加 5 mL 热的蒸馏水于消化好的样品或空白对照液中，通过小玻杯加到反应室中，再用热蒸馏水洗涤小玻杯 3 次，每次用水量约 3 mL，将洗涤液一并倒入反应室内。其余操作按标准硫酸铵的蒸馏进行。由于消化液内硫酸钾浓度高而呈黏稠状，不易从凯氏烧瓶内倒出，必须加入热蒸馏水 5 mL 稀释之。如果有结晶析出，必须进行微热溶解，趁热加入玻杯，使其流入反应室。此外，还应当注意趁仪器洗涤尚未完全冷却时立即加入样品或空白对照液，否则消化液通过冷却的管道容易析出结晶，造成堵塞。

3. 滴定

样品和空白蒸馏完毕后，一起进行滴定。打开接受瓶盖，用酸式微量滴定管以 0.010 0 mol/L 的标准盐酸溶液进行滴定。待滴至瓶内溶液呈暗灰色时，用蒸馏水将锥形瓶内壁四周淋洗一次。若振摇后复现绿色，应再小心滴入标准盐酸溶液半滴，振摇并观察瓶内溶液颜色变化。暗灰色在一二分钟内不变，应当视为到达滴定终点。若呈粉红色，表明已超越滴定终点，可在已滴定耗用的标准盐酸溶液用量中减去 0.02 mL，每组样品的定氮终点颜色必须完全一致。接受瓶内的空白对照液溶液颜色不变或略有变化且尚未出现绿色时,可以不滴定。记录每次滴定耗用标准盐酸溶液的毫升数,供计算使用。

三、凯氏定氮仪的功能特点

(1) ZDDN-Ⅱ凯氏定氮仪,采用微计算机进行过程控制,包括自动模式和手动模式,可根据需要自行设定和切换。

① 自动模式下:一次完成加碱、加硼酸、蒸馏。氨气吸收整个过程,加硼酸和加碱的体积以及蒸馏和吸收过程的时间都可以自行设定。

② 手动模式下:加硼酸、加碱和蒸馏吸收三个过程可以单独人工操作,体积、时间可自行控制,满足了专业用户的需求。

(2) 大屏幕点阵式液晶显示,全中文菜单,触摸式按钮,操作简捷方便。

(3) 具有自动式蒸馏控制、自动加水、自动水位控制、自动停水和水压过低报警的功能。

(4) 各种安全保护,如消化管安全门装置、蒸汽发生器缺水报警。

(5) 可存储操作程序。

(6) 仪器外壳采用特制喷塑钢板,工作区域采用 ABS 防腐板及不锈钢底板。

(7) 防化学试剂腐蚀和机械损坏表面,耐酸耐碱。

(8) 具有水位检测、低水位报警、自动断电的功能。

(9) 标配里不含消化炉,消化炉为选配,建议选择 C 型消化炉。

四、凯氏定氮仪的使用注意事项

1. 样品前处理

应尽量选取具有代表性的样品。大块的固体样品应用粉碎设备打得细小均匀;液体样要混合均匀。

2. 模块化消解装置消化样品

消化过程中首先确保浓硫酸量足够。若样品脂肪含量较高,应适当增加硫酸量;对某些样品炭化易产生泡沫,这时可采用 SH520 消解炉曲线升温或手动控制升温,让消解溶液沸腾均匀后再提高消解温度,直至消化液呈透明蓝绿色再消化 0.5 h 或 1 h。因为炭化过程中升温速度过快,会使样品溢出消化管或溅起黏附在管壁上,导致无法消化完全而造成氮损失,影响结果的准确性。

3. 上机测定

仪器稀释水采用中性去离子水;蒸汽发生瓶内的水必须保持酸性;硼酸

吸收液配制时应用中性去离子水，避免碱性物质的混入，且盛装硼酸吸收液的容器应刷洗干净；碱液应用中性去离子水配置；滴定用的标准酸必须按照标准配制和标定。上机测试样品前，应打开仪器预热，放一支消化管空蒸一次，以排除蒸馏管路中的空气。蒸馏时必须加碱。加入碱的作用，一是中和硫酸，二是使溶液处于强碱性，这样才能使 $(NH_4)_2SO_4$ 变成 NH_3，被硼酸吸收，通常是消化取用浓硫酸的 4 倍体积（40% NaOH）。硫酸铜可作为催化剂，并在蒸馏时做碱性反应指示剂。氢氧化钠是否足量，可借助硫酸铜在碱性条件下生成的褐色沉淀或深蓝色的铜氨络离子指示。若溶液的颜色不改变，则说明所加的碱液不足。蒸馏是否完全，半自动凯氏定氮仪可用精密 pH 试纸通过测冷凝管的冷凝液来确定，中性说明已蒸馏完全。全自动凯氏定氮仪目前主要是以蒸馏体积与设置时间（经验值）确保蒸馏完全。蒸馏结束后，滴定主要是以人工滴定和机器自动滴定来计算和打印实验结果。要求操作者根据实际情况，按照要求操作。

五、凯氏定氮仪的维护保养

1. 蒸馏装置

当样品测定完毕后，回到调试界面。选择蒸馏功能，开始蒸馏，蒸馏 7 min 左右自动停止；选择排液，将接收杯内液体排净，完成对蒸馏装置的清洗，同时也对滴定装置进行了清洗。清洗后取下消化管，倒掉废液，并对安全门和滴流盘进行擦拭，以去除测定过程中残留的碱液。

2. 标准酸溶液的更换

当采用浓度不同的标准酸溶液时，应当将仪器滴定器中残留的酸液清除掉。在调试界面下选择"滴定"功能，滴定 5~6 min，旧酸液将彻底被新酸液置换出来。排净接受杯中的标准酸。

3. 定期清洗

定期对排废装置进行清洗，若长时间不清洗，则会堵塞管路。量取 25 mL 醋酸溶液和 5 mL 水，采用手动蒸馏半小时，挥发的醋酸将清除排废装置内壁上残留的碱液。

第八节　冻　干　机

冷冻干燥是利用升华的原理进行干燥的一种技术，是将被干燥的物质在低温下快速冻结，然后在适当的真空环境下，使冻结的水分子直接升华成为水蒸气逸出的过程。图 1.19 所示为冻干机，其主要用于生物活性物质的分离与保藏。

目前在生物工程、医药工业、食品工业、材料科学和农副产品深加工等领域有着广泛的应用。

一、冻干机的工作原理

干燥是保持物质不致腐败、变质的方法之一。干燥的方法有很多种，如晒干、煮干、烘干、喷雾干燥、真空干燥等。但这些干燥方法都是在0 ℃以上或更高的温度下进行的。干燥所得的产品，一般体积会缩小，质地会变硬，一些易挥发的成分大部分会损失掉。有些物质会发生氧化；有些热敏性的物质，如蛋白质、维生素还会发生变性；微生物会失去生物活力；等等。另外，干燥后的物质也不易在水中溶解。因此，干燥后的产品与干燥前相比在性状上有很大的差别。

图1.19　冻干机

而冷冻干燥法不同于以上的干燥方法。产品的干燥基本上在0 ℃以下的温度进行，即在产品冻结的状态下进行，直到后期，为了进一步降低产品的残余水分含量，才让产品升至0 ℃以上的温度，但一般不超过40 ℃。

冷冻干燥就是把含有大量水分的物质，预先进行降温冻结成固体，然后在真空的条件下使水蒸气直接升华出来，而物质本身则剩留在冻结时的冰架中，形成类似海绵状疏松多孔结构，因此干燥后的体积不变。冰在升华时要吸收热量，引起产品本身温度的下降而减慢升华速度。为了增加升华速度，缩短干燥时间，必须对产品进行适当加热。整个干燥是在较低的温度下进行的。

二、冻干机的结构

冻干机的结构由冻干箱（或称干燥箱）、冷凝器（或称水汽凝集器）、冷冻机、真空泵和阀门、电气控制元件等组成。

冻干箱是一个能够制冷到-40 ℃左右，能够加热到50 ℃左右的高低温箱，也是一个能抽成真空的密闭容器。它是冻干机的主要组成部分，需要冻干的产品就放在箱内分层的金属板层上，对产品进行冷冻，并在真空下加温，使产品内的水分升华而干燥。

冷凝器同样是一个真空密闭容器。在它的内部有一个较大面积的金属吸附面，吸附面的温度能降到-40 ℃以下，并且能恒定地维持这个低温。冷凝器的功用是把冻干箱内产品升华出来的水蒸气冻结，吸附在其金属表面上。

冻干箱、冷凝器、真空管道和阀门，再加上真空泵，便构成冻干机的真空系统。真空系统要求没有漏气现象，真空泵是真空系统建立真空的重要部件。真空系统对产品的迅速升华干燥是必不可少的。

制冷系统由冷冻机与冻干箱、冷凝器内部的管道等组成。冷冻机可以是互相独立的两套，也可以合用一套。冷冻机的功用是对冻干箱和冷凝器进行制冷，以产生和维持它们工作时所需要的低温。它有直接制冷和间接制冷两种方式。

加热系统对于不同的冻干机有不同的加热方式。有的是利用直接电加热法；有的则利用中间介质来进行加热，由一台泵使中间介质不断循环。加热系统的作用是对冻干箱内的产品进行加热，以使产品内的水分不断升华，并达到规定的残余水分要求。

控制系统由各种控制开关、指示调节仪表及一些自动装置等组成，可以较为简单，也可以很复杂。一般自动化程度较高的冻干机的控制系统较为复杂。控制系统的功用是对冻干机进行手动或自动控制，操纵机器正常运转，以冻干出合乎要求的产品。

三、冻干机的分类

1. 按结构不同分类

按结构不同，冻干机可分为以下两种类型。

1）钟罩型冻干机

钟罩型冻干机的冻干腔和冷阱为分立的上下结构，冻干腔没有预冻功能。该类型的冻干机在物料预冻结束后转入干燥过程时，需要人工操作。大部分实验型冻干机都为钟罩型，因其结构简单、造价低。冻干腔多数使用透明有机玻璃罩，便于观察物料的冻干情况。

2）原位型冻干机

原位型冻干机的冻干腔和冷阱为两个独立的腔体，冻干腔中的搁板带制冷功能。物料置入冻干腔后，物料的预冻、干燥过程无须人工操作。该类型冻干机的制作工艺复杂，制造成本高。但原位型冻干机是冻干机的发展方向，是进行冻干工艺摸索的理想选择，特别适用于医药、生物制品及其他特殊产品的冻干。

2. 按功能不同分类

按功能不同，冻干机可分为以下几种类型。

1）普通搁板型冻干机

普通搁板型冻干机的物料散装于物料盘中，适用于食品、中草药、粉末材料的冻干。

2）带压盖装置型冻干机

带压盖装置型冻干机适合西林瓶装物料的干燥。准备冻干时，按需要将物料分装在西林瓶中，盖好瓶盖后进行冷冻干燥；干燥结束后，操作压盖机构，压紧瓶盖，可避免二次污染，重新吸附水分，适宜于物料的长期保存。

3）多歧管型冻干机

多歧管型冻干机是在干燥室外部接装烧瓶，对旋冻在瓶内壁的物料进行干燥的。这时烧瓶作为容器接在干燥箱外的歧管上，烧瓶中的物料靠室温加热。通过多歧管开关装置，可按需要随时取下或装上烧瓶，不需要停机。

4）带预冻功能型冻干机

物料在预冻过程中，冷阱作为预冻腔预冻物料；在干燥过程中，冷阱为捕水器，捕获物料溢出的水分。带预冻功能的冻干机，冷冻干燥过程中物料的预冻、干燥等均在冻干机上完成，使用效率高，节省了低温冰箱的费用。

四、冻干机的操作方法

在冻干之前，把需要冻干的产品分装在合适的容器内，一般是玻瓶或安瓿，装量要均匀，蒸发表面要尽量大而厚度要尽量薄些；然后放入与冻干箱尺寸相适应的金属盘内。装箱之前，先将冻干箱进行空箱降温，然后将产品放入冻干箱内进行预冻；抽真空之前要根据冷凝器冷冻机的降温速度提前使冷凝器工作，抽真空时冷凝器应达到-40 ℃左右的温度，待真空度达到一定数值后（通常应达到100 μHg以上的真空度），即可对箱内产品进行加热。一般加热分两步进行：第一步加温不使产品的温度超过共熔点的温度；待产品内水分基本干完后进行第二步加温；这时可迅速使产品上升到规定的最高温度。在最高温度保持数小时后，即可结束冻干。

整个升华干燥的时间为12~24 h。干燥时间与产品在每瓶内的装量，总装量，玻璃容器的形状、规格，产品的种类，冻干曲线及机器的性能等有关。

冻干结束后，要放干燥无菌的空气进入干燥箱，然后尽快地进行加塞封口，以防重新吸收空气中的水分。

五、冻干机的优缺点

1. 冻干机的优点

冻干机相对常规干燥方法，具有如下优点：

（1）许多热敏性的物质不会发生变性或失活。

（2）在低温下干燥时，物质中的一些挥发性成分损失很小。

（3）在冻干过程中，微生物的生长和酶的作用无法进行，因此能保持原来的性状。

（4）由于在冻结的状态下进行干燥，因此体积几乎不变，保持了原来的结构，不会发生浓缩现象。

（5）由于物料中水分在预冻以后以冰晶的形态存在，原来溶于水中的无机盐类溶解物质被均匀地分配在物料之中。升华时，溶于水中的溶解物质就析出，避免了一般干燥方法中因物料内部水分向表面迁移所携带的无机盐在表面析出而造成表面硬化的现象。

（6）干燥后的物质疏松多孔，呈海绵状，加水后溶解迅速而完全，几乎立即恢复原来的性状。

（7）由于干燥在真空下进行，氧气极少，因此一些易氧化的物质得到了保护。

（8）干燥能排除95%～99%以上的水分，使干燥后的产品能长期保存而不致变质。

（9）因物料处于冻结状态，温度很低，所以对供热的热源温度要求不高，采用常温或温度不高的加热器即可满足要求。如果冷冻室和干燥室分开时，干燥室无须绝热，不会有很多的热损失，故热能的利用很经济。

2. 冻干机的缺点

真空冷冻干燥技术的主要缺点是成本高。由于它需要真空和低温条件，所以真空冷冻干燥机要配置一套真空系统和低温系统，因而投资费用和运转费用都比较高。

六、冻干机的使用注意事项

（1）制备样品应尽可能扩大其表面积，其中不得含有酸碱物质和挥发性的有机溶剂。

（2）样品应完全结成冰。如有残留液体会造成气体喷射。

（3）注意冷阱约为-65℃，可以做低温冰箱使用，但必须戴保温手套操作，以防止冻伤。

（4）启动真空泵以前，检查出水阀是否拧紧，充气阀是否关闭，有机玻璃罩与橡胶圈的接触面是否清洁、无污物，密封是否良好。

（5）一般情况下，该机不得连续使用超过48 h。

（6）样品在冷冻过程中，温度逐渐降低，可以将样品取出回暖一定时间后继续冷冻。

七、冻干机的维护保养

1. 每次开机前要例行检查

（1）检查所有截止阀（压缩机吸、排气阀，供液阀，手阀等）是否处于开启状态。

（2）检查压力表读数是否正常（0.6~0.7 MPa）。

（3）检查压缩机油位是否正常（1/4~3/4）。

（4）检查冷却水压力、温度是否正常（0.1 MPa 以上，25 ℃以下）。

2. 送电后检查

（1）检查压缩机是否自动收液。

（2）检查油压差是否复位。

3. 开机后检查

（1）检查压缩机运行声音是否正常。

（2）检查制冷管路是否有异常振动。

（3）检查视液镜流量是否正常。

（4）检查膨胀阀结霜情况。

（5）检查压缩机回霜情况。

第九节　超声波清洗机

超声波作用于液体中时，液体中每个气泡破裂的瞬间会产生能量极大的冲击波，相当于瞬间产生几百度的高温和高达上千个大气压，这种现象被称为"空化作用"。超声波清洗正是用液体中气泡破裂所产生的冲击波来清洗和冲刷工件内外表面的。图 1.20 所示为超声波清洗机。

图 1.20　超声波清洗机

一、超声波清洗机的工作原理

超声波清洗机的工作原理主要是通过换能器将功率超声频源的声能转换成机械振动,并通过清洗槽壁将超声波辐射到槽子中的清洗液。由于受到超声波的辐射,使槽内液体中的微气泡能够在声波的作用下而保持振动,破坏污物与清洗件表面的吸附,引起污物层的疲劳破坏而被剥离。这种超声波空化所产生的巨大压力能破坏不溶性污物而使它们分化于溶液中。蒸气型空化对污垢的直接反复冲击。一方面能破坏污物与清洗件表面的吸附;另一方面能引起污物层的疲劳破坏而被拨离。气体型气泡可通过振动对固体表面进行擦洗,污层一旦有缝可钻,气泡立即"钻入"振动使污层脱落。由于空化作用,两种液体在界面迅速分散而乳化,当固体粒子被油污裹着而黏附在清洗件表面时,油被乳化,固体粒子自行脱落。超声在清洗液中传播时会产生正负交变的声压,形成射流,冲击清洗件。同时非线性效应会产生声流和微声流,而超声空化在固体和液体界面会产生高速的微射流,所有这些作用,都能够破坏污物,除去或削弱边界污层,增加搅拌、扩散的作用,加速可溶性污物的溶解,强化化学清洗剂的清洗作用。由此可见,凡是液体能浸到且声场存在的地方超声波清洗机都可进行清洗。其适用于表面形状非常复杂的零件的清洗,而且采用这一技术后,可减少化学溶剂的用量,进而大大降低环境的污染。

二、超声波清洗机的分类

1. 按用途不同分类

按用途不同,超声波清洗机可分为工业用超声波清洗机、商用超声波清洗机、实验室用超声波清洗机和家用超声波清洗机等。

2. 按容量不同分类

按容量不同,超声波清洗机可分为大型超声波清洗机、中型超声波清洗机和小型超声波清洗机。其中,容量从 4 mL 到几百升不等。

3. 按自动化程度不同分类

按自动化程度不同,超声波清洗机可分为全自动超声波清洗机、半自动超声波清洗机和手动超声波清洗机。

4. 按槽体的数量不同分类

按槽体的数量不同,超声波清洗机可分为单槽超声波清洗机、双槽超声波清洗机和多槽超声波清洗机。

5. 按使用的清洗剂不同分类

按使用的清洗剂不同,超声波清洗机可分为水系超声波清洗机、碳氢系超声波清洗机和氟氯烃系超声波清洗机。

6. 按功率大小不同分类

按功率大小不同，超声波清洗机可分为大功率超声波清洗机、小功率超声波清洗机和无加热超声波清洗机。其中，带电加热超声波清洗机的加热功率从几十瓦到几千瓦不等。

三、超声波清洗机的操作方法

超声波清洗是利用超声波在液体中的空化作用、直进流作用及加速度作用直接或间接地作用于液体和污物，使污物层被分散、乳化、剥离而达到清洗的目的。所有的超声波清洗机中，空化作用和直进流作用应用得最多。

1. 空化作用

空化作用就是超声波以每秒两万次以上的压缩力和减压力交互性的高频变换方式向液体进行透射。在减压力作用时，液体中会产生真空核群泡的现象；在压缩力作用时，真空核群泡受压力压碎时会产生强大的冲击力，由此剥离被清洗物表面的污垢，达到精密洗净的目的。在超声波清洗过程中，肉眼能看见的泡并不是真空的核群泡，而是空气气泡，它能对空化作用产生抑制作用，从而降低清洗效率。只有液体中的空气气泡被完全脱走，空化作用的真空核群泡才能达到最佳的效果。

2. 直进流作用

超声波在液体中沿声的传播方向产生流动的现象称为直进流。声波强度在 0.5 W/cm^2 时，肉眼能看到直进流垂直于振动面而产生流动，流速约为 10 cm/s。此直进流可使被清洗物表面的微油污垢被搅拌，使污垢表面的清洗液产生对流，使溶解污物的溶解液与新液混合，运动速度加快，进而对污物起到很大的搬运作用。

3. 加速度作用

对于频率较高的超声波清洗机，空化作用就很不显著了，这时的清洗主要靠液体粒子超声作用下的加速度撞击粒子对污物进行超精密清洗。

四、超声波清洗机的使用注意事项

（1）严禁从超声波控制柜顶端的进风口处溅入导电液体（如水），否则会对清洗机的线路系统造成严重损害。

（2）严禁清洗槽内无水而开机。

（3）严禁大功率下直接启动机器。

（4）如现场腐蚀性气体浓度较高，应尽可能将超声波系统远离清洗槽。

（5）开机状态以及关机 30 min 内，严禁触摸发生器内的电子元件，因电容器内储有高压电能。

五、超声波清洗机的维护保养

（1）注意保持机器清洁，不使用时关掉电源。
（2）避免机器碰撞或剧烈震动。
（3）远离热源。
（4）应避免在潮湿的环境下存放。
（5）机器连续工作时间不得超过 4 h。如连续工作时间过长，应旋转超声调节旋钮至"0"位，并让散热风扇继续工作。在超声波清洗不启动的状态下，应为超声波控制柜内持续散热至少 2 min。
（6）经长时间运行的清洗机，在停机前应首先将功率旋钮调至"0"位，使用其风机再工作 3~6 min 后关机，以保证电源内部热量散出。
（7）清洗液应及时沉淀、过滤或更换，以保证清洗效果。

第十节　其他生化仪器

一、磁力搅拌器

磁力搅拌器适用于搅拌或加热搅拌同时进行，适用于黏稠度不是很大的液体或者固液混合物。图 1.21 所示为磁力搅拌器，它是利用磁场和旋涡的原理在将液体放入容器中后，将搅拌子也同时放入液体；在底座产生磁场后，带动搅拌子成圆周循环运动，进而达到搅拌液体的目的。配合温度控制装置可以根据具体的实验要求控制并维持样本温度，帮助实验者设定实验条件，极大地提高了实验重复的可能性。

1. 磁力搅拌器的工作原理

利用磁性物质同性相斥的特性，通过不断变换基座两端的极性来推动磁性搅拌子转动，通过磁性搅拌子的转动带动样本旋转，使样本均匀混合；通过底部温度控制板对样本加热，配合磁性搅拌子的旋转使样本均匀受热，达到指定的温度；通过调节"加热功率"旋钮，使

图 1.21　磁力搅拌器

升温速度可控，以适用更广阔的样本处理过程。一般的磁力搅拌器具有搅拌和加热两个作用。

2. 磁力搅拌器的使用方法

（1）接通电源。

（2）打开电源开关。

（3）调节调速旋钮，由慢至快调节到所需的速度；不允许高速挡启动，以免搅拌子因不可同步而跳动。

（4）需加热时，开加热开关，调节加热温度。

（5）需控温时，将温度传感器插头插入仪器后板的插座内，将传感器探头插入实验溶液中，调准温控仪的设定温度即进入温度自动控制工作状态。

3. 磁力搅拌器的使用注意事项

（1）搅拌时发现搅拌子跳动，或不搅拌时，应切断电源检查一下烧杯底是否平，位置是否正，同时测一下现用的电压是否在 220 V±10 V。

（2）加热时间一般不宜过长，间歇使用可延长寿命，不搅拌时不要加热。

（3）中速运转可连续工作 8 h，高速运转可连续工作 4 h，工作时要防止剧烈震动。

（4）电源插座应采用三孔安全插座，且必须妥善接地。

（5）仪器应保持清洁干燥，严禁溶液流入机内，以免损坏机器。不工作时应切断电源。

4. 磁力搅拌器的维护保养

（1）最好不要让仪器在没有液体的情况下工作。

（2）机器运作之前应先检查是否接地，确保接地之后才可进行工作。

（3）为了保证不损伤仪器，通常仪器内部会放置有绝缘的材料，因此我们第一次使用磁力搅拌器的时候会发现有少许白烟冒出或有刺鼻的味道，这些都是正常现象，不是产品质量问题，保持通风就可以了。

（4）磁力搅拌器内部的器件受热有上限，因此在加热的时候一定要考虑到这一点。最好的办法就是，保证不让机器只加热，并且记住把电动机的状态改成旋转的状态，这样能够最大限度地保护好磁力搅拌器。

（5）加热工作完成后，一定先把加热功能关掉，等几分钟之后差不多温度已经散去，再关闭搅拌功能。

（6）要保证操作环境的干燥，因为在潮湿的环境下，仪器容易导致漏电等现象，这也是为什么一定要保证仪器接地的原因。如果仪器上很潮湿，一定要用热风吹干。

（7）操作过程中一定要小心，不要被烫伤，因为一般的温度都是比较高的。

(8) 为了安全起见,仪器背面设有一个保险丝,在设备通电后仍不工作时可以检查保险丝是否需要更换。

二、梯度混合仪

梯度混合仪(又称梯度融合仪)是一种使溶液的组分按设定的方式逐步变化的装置,可用来控制溶液中某个组分的浓度变化或酸度变化,在化学分析,分离、纯化各种有机物和天然物方面有广泛的用途。图 1.22 所示为梯度混合仪,它是一种使溶液的组分按设定的方式逐步变化的装置,可用来控制溶液中某个组分的浓度变化或酸度变化,尤其是液相层析更离不开梯度混合器。

1. 梯度混合仪的工作原理

普通梯度混合器的组成是一台混合器加两只玻璃杯。它能使盛放"浓缩、稀释"溶液的两杯溶液始终保持平衡,两杯溶液混合速度以及输出流量均可调节恒定,因此可以做出各种不同斜率的线性梯度。使用者如果按不同阶段的时间做适当的输出流量调节,还可做出不同的台阶形梯度。它还可单独作为磁力搅拌器使用,只要在需要搅拌的杯体内放入一个密封磁芯即可。

图 1.22 梯度混合仪

2. 梯度混合仪的使用方法

(1) 将杯体座的四脚放入相应的搅拌器的凹潭内,将磁芯放入右边的杯体内。

(2) 首先关闭混合阀门和输出阀门,将浓缩溶液倒入左杯;然后打开混合阀门,让溶液经过通道渗入右杯,再立即关闭混合阀门。此时将另一稀释溶液倒入右杯,使两杯溶液的液位相同;然后再打开混合阀门,使两杯溶液的液面保持平衡。

(3) 两杯之间的通道内如果存有气泡,应设法将气泡除去再使用。

(4) 打开电源,指示灯亮,可根据需要,缓慢调节搅拌速度。

(5) 打开输出阀门,可根据需要的斜率,缓慢调节输出流量。

3. 梯度混合仪的使用注意事项

(1) 把搅拌磁棒放入右杯内,梯度杯放在控制箱上,调节杯子,使右杯

中的搅拌磁棒在中心位置转动即可。(调节时要逐步加快速度,不然会造成失步,损坏杯子)

(2) 本系列仪器禁止使用强酸强碱溶剂;如不是耐有机梯度混合仪,仪器禁止使用有机溶剂。

4. 梯度混合仪的维护保养

(1) 为了避免触电事故,仪器的输入电源线必须接地。本仪器使用的是三芯接地插头。这种插头有接地脚,如果插头无法插入座内,应请电工安装正确的插座,不要使仪器失去接地保护作用。

(2) 注意使用电源。在连接交流电源之前,要确保电压与仪器所要求的电压一致(允许$\pm 10\%$的偏差),并确保电源插座的额定负载不小于仪器的要求。

(3) 注意使用电源线。本仪器通常使用随机附带的电源线。如果电源线破损,必须更换不能修理。更换时必须用相同类型和规格的电源线代替。在使用本仪器时,电源线上不能放置任何物品,也不可将电源线置于人员走动的地方。

(4) 注意仪器的安放。本仪器应放在阴凉、通风、干燥、防尘较好的位置。为了得到更好的散热效果,在仪器通风处,与其他物品应保持有效的距离($N>30$ cm)。

三、涡旋振荡器

涡旋振荡器(又称旋涡振荡器)主要适用于医学、生物工程、化学、医药等研究领域,是生物实验室对各种试剂、溶液、化学物质进行固定、振荡、混匀处理的必备常规仪器,如图 1.23 所示。

1. 涡旋振荡器的工作原理

涡旋振荡器是利用偏心旋转使试管等容器中的液体产生涡流,从而达到使溶液充分混合的目的。该仪器的特点是混合速度快、彻底,液体呈旋涡状,能将附在管壁上的试液全部混均,适用于一般试管、烧杯、烧瓶、分液、漏斗内液体的混合均匀。对于一些难溶解的药物如红霉素,染色液等也易混匀,且效果显著。混合液体无须电动搅拌和磁力搅拌,所以混合液体不受外界污染和磁场影响。因此,它作为化验分析的得力辅助工具,广泛用于环境监

图 1.23 涡旋振荡器

测、医疗卫生、石油化工、食品、冶金等各类大专院校、科研和生产企业的实验室、化验室做混合匀和、萃取之用，做生物、生化、细胞、菌种等各种样品的振荡培养之用。

2. 涡旋振荡器的特点

（1）适合短时间（点动）或长时间连续工作。

（2）速度范围广，为 0~2 500 min，电动机采用无级调速。

（3）有多种振动头适配器可供选择。

（4）振动头安装方便。

（5）产品稳固可靠。

（6）硅制底座，外形小巧，超强防震，适合高速工作。

3. 涡旋振荡器的使用方法

（1）按住"1"键，同时按"Power"键，可切换到"分钟"模式。

（2）直接打开"Power"键，进入模式"A"。设置时间后，连续工作转速可在 0~3 000 r/min 内调节。

（3）按"Start/Stop"键，同时按"Power"键，可切换到模式"B"；转速保持在最高的 3 000 r/min。

4. 涡旋振荡器的使用注意事项

（1）涡旋振荡器在使用前，先将"调速"旋钮置于最小位置，再关闭电源开关。

（2）装容器瓶时，为了使仪器在工作时平衡性能好，避免产生较大的振动，应将所有试瓶分布均匀，各瓶的溶液应大致相等。若容器瓶不足数，可将试瓶对称放置或装入其他等量溶液的试瓶布满空位。

（3）接通电源，打开电源开关，指示灯亮，此时缓慢调节调速旋钮，升至所需速度。

5. 涡旋振荡器的维护保养

（1）正确使用仪器，使其处于良好的工作状态，可延长仪器的使用寿命。

（2）仪器在连续工作期间，每 3 个月应该做一次定期检查。检查是否有水滴、污物等落入电动机和控制元件上；并检查保险丝、控制元件及紧固螺钉。

（3）振荡器传动部分的轴承在出厂前已经填充适量的润滑脂 1 号钙—钠基，仪器在连续工作期间，每 6 个月应加注一次润滑脂，填充量约占轴承空间的 1/3。

（4）仪器使用一年后，出现自然磨损属于正常现象，应该经常检查电动机是否有不正常的噪声，加热系统是否出现异常，传动部分的轴承是否磨损，皮带是否出现松动或裂纹、是否可以恒温加热，电控元件是否失效等故障。

第二章 微生物学实验仪器设备分析技术

微生物学是生物工程、生物技术等相关专业必修的一门基础课程,是生物技术专业本科生的必修基础课,在专业当中具有举足轻重的地位。同时,微生物学又是一门实验性的科学,脱离不开实验仪器设备与实验技术。本章将根据微生物学研究过程中涉及的微生物观察、微生物培养、微生物检测等内容对微生物学实验仪器做一综合介绍,为相关仪器设备的正确使用奠定基础。

第一节 普通光学显微镜

微生物最显著的特点就是个体微小,一般必须借助显微镜才能观察到它们的个体形态和细胞结构。因此,熟悉显微镜及其操作技术是研究微生物不可缺少的手段。本节主要介绍微生物学研究中最常用的普通光学显微镜。

普通光学显微镜是一种精密的光学仪器,如图2.1所示。由一套透镜配合,因而可选择不同的放大倍数对物体的细微结构进行放大观察。一般来说,普通光学显微镜通常能将物体放大 1 500~2 000 倍(最大分辨力可达到 0.2 μm 左右)。

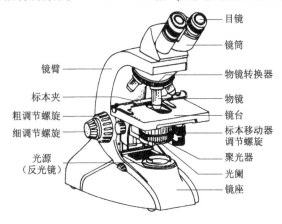

图 2.1 普通光学显微镜

一、普通光学显微镜的基本结构

现代普通光学显微镜利用目镜和物镜两组透镜系统来放大成像,故又常称为复式显微镜。它由光学系统和机械装置两部分组成。

1. 光学系统

光学系统包括目镜、物镜、聚光器和光源等。

1) 目镜

目镜通常由两组透镜组成,上端的一组称为"接目镜",下端的一组称为"场镜"。两者之间或在场镜的下方装有视场光阑(金属环状装置),经物镜放大后的中间像就落在视场光阑平面上,所以其上可加置目镜测微尺。在目镜上方刻有放大倍数,如10×、20×等。按照视场的大小,目镜可分为普通目镜和广角目镜两种。有些显微镜的目镜上还附有视度调节机构,操作者可以分左右眼进行视度调整。另有照相目镜(NFK)可用于拍摄。

2) 物镜

物镜由数组透镜组成,安装于转换器上,又称接物镜。通常每台显微镜配备一套不同倍数的物镜,包括:

(1) 低倍物镜:是指放大倍数为1×~6×的物镜。

(2) 中倍物镜:是指放大倍数为6×~25×的物镜。

(3) 高倍物镜:是指放大倍数为25×~63×的物镜。

(4) 油浸物镜:是指放大倍数为90×~100×的物镜。

其中,油浸物镜使用时需在物镜的下表面和盖玻片的上表面之间填充折射率为1.5左右的液体(如香柏油等),这样能显著提高显微镜观察的分辨率。其他物镜则直接使用。在观察过程中,物镜的选择一般应遵循由低到高的顺序。因为低倍镜的视野大,便于查找待检的具体部位。

显微镜的放大倍数,可粗略视为目镜放大倍数与物镜放大倍数的乘积。

3) 聚光器

聚光器由聚光透镜和虹彩光圈组成,位于载物台下方。聚光透镜的功能是将光线聚焦于视场范围内;透镜组下方的虹彩光圈可开大或缩小,以控制聚光器的通光范围,调节光的强度,影响成像的分辨率和反差。使用时应根据观察目的,配合光源强度加以调节,以得到最佳成像效果。

4) 光源

较早的普通光学显微镜借助镜座上的反光镜,将自然光或灯光反射到聚光器透镜的中央作为镜检光源。反光镜是由一面是平面和另一面是凹面的镜子组成。不需用聚光器或光线较强时用凹面镜,凹面镜能起会聚光线的作用;

需要用聚光器或光较弱时，一般都用平面镜。

新近出产的显微镜一般直接在镜座上安装光源，并有电流调节螺旋，用于调节光照强度。光源类型有卤素灯、钨丝灯、汞灯、荧光灯、金属卤化物灯等。

显微镜的光源照明方法分为两种：透射型与反射（落射）型。透射型显微镜是指光源由下而上通过透明的镜检对象；反射型显微镜则是以物镜上方打光到（落射照明）不透明的物体上。

2. 机械装置

机械装置包括镜座、镜柱、镜壁、镜筒、物镜转换器、载物台和准焦螺旋等。

1) 镜座

镜座即基座部分，用于支持整台显微镜的平稳。

2) 镜柱

镜柱，即镜座与镜臂之间的直立短柱，起连接和支持的作用。

3) 镜臂

镜臂即显微镜后方的弓形部分，是移动显微镜时握持的部位。有的显微镜在镜臂与镜柱之间有一活动的倾斜关节，可调节镜筒向后倾斜的角度，便于观察。

4) 镜筒

镜筒是安装在镜臂前端的圆筒状结构，上连目镜，下连物镜转换器。显微镜的国际标准筒长为 160 mm，此数字标在物镜的外壳上。

5) 物镜转换器

物镜转换器是镜筒下端的可自由旋转的圆盘，用于安装物镜。观察时可通过转动转换器来调换不同倍数的物镜。

6) 载物台

载物台是镜筒下方的平台，中央有一圆形的通光孔，用于放置载玻片。载物台上装有固定标本的弹簧夹，一侧有推进器，可移动标本的位置。有些推动器上还附有刻度，可直接计算标本移动的距离以及确定标本的位置。

7) 准焦螺旋

准焦螺旋是装在镜臂或镜柱上的大小两种螺旋，转动时可使镜筒或载物台上下移动，从而调节成像系统的焦距。大的称为粗准焦螺旋，每转动一周，镜筒升降 10 mm；小的为细准焦螺旋，转动一周仅可使镜筒升降 0.1 mm。一般在低倍镜下观察物体时，以粗准焦螺旋迅速调节物像，使之位于视野中；在此基础上，或在使用高倍镜时，用细准焦螺旋微调。必须注意，一般显微镜装有左右两套准焦螺旋，作用相同，但切勿两手同时转动两侧的螺旋，以免因双手力量不均而产生扭力，导致螺旋滑丝。

二、普通光学显微镜的基本成像原理

图 2.2 所示为普通光学显微镜的光学原理图。显微镜利用凸透镜的放大成像原理，将人眼不能分辨的微小物体放大到人眼能分辨的尺寸，主要是增大近处微小物体对眼睛的张角（视角大的物体在视网膜上成像大），可用角放大率 M 表示它们的放大本领。因同一件物体对眼睛的张角与物体离眼睛的距离有关，所以一般规定像离眼睛距离为 25 cm（明视距离）处的放大率为仪器的放大率。显微镜观察物体时通常视角甚小，因此视角之比可用其正切之比代替。

显微镜由两个会聚透镜组成，其光路图如图 2.3 所示。物体 AB 经物镜成放大倒立的实像 A_1B_1，A_1B_1 位于目镜焦点（f_2）的内侧，经目镜后成放大的虚像 A_2B_2 于明视距离处。

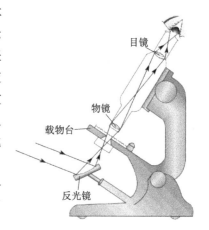

图 2.2 普通光学显微镜的光学原理图

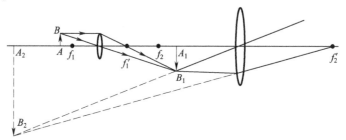

图 2.3 显微镜放大原理光路图

光线→（反光镜）→遮光器→通光孔→镜检样品（透明）→物镜的透镜（第一次放大成倒立实像）→镜筒→目镜（再次放大成虚像）→眼睛。

三、普通光学显微镜的操作步骤

1. 观察前的准备

1）显微镜的安置

置显微镜于平整的实验台上，镜座距实验台边缘 3~4 cm，镜检时姿势要端正。

取放显微镜时应一手握住镜臂，一手托住底座，使显微镜保持直立、平稳，切忌用单手拎提；且不论使用单筒显微镜或双筒显微镜均应双眼同时睁开观察，以减少眼睛疲劳，也便于边观察边绘图或记录。

2）光源调节

安装在镜座内的光源灯可通过调节电压获得适当的照明亮度。而使用反光镜采集的自然光或灯光作为照明光源时，应根据光源的强度及所用物镜的放大倍数选用凹面或凸面反光镜并调节其角度，以使视野内的光线均匀，亮度适宜。

3）根据使用者的个人情况，调节双筒显微镜的目镜

双筒显微镜的目镜间距可以适当调节。左目镜上一般还配有屈光度调节环，可以适应眼距不同或两眼视力有差异的观察者。

4）聚光器数值孔径值的调节

调节聚光器虹彩光圈值与物镜的数值孔径值相符或略低。有些显微镜的聚光器只标有最大数值孔径值，而没有具体的光圈数刻度。使用这种显微镜时可在样品聚焦后取下一目镜，从镜筒中一边看着视野，一边缩放光圈，调整光圈的边缘与物镜边缘黑圈相切或略小于其边缘。因为各物镜的数值孔径值不同，所以每转换一次物镜都应进行这种调节。

在聚光器的数值孔径值确定后，若需改变光照强度，可通过升降聚光器或改变光源的亮度来实现，原则上不应再调节虹彩光圈。当然，有关虹彩光圈、聚光器高度及照明光源强度的使用原则也不是固定不变的，只要能获得良好的观察效果，有时也可根据具体情况灵活运用。

2. 显微观察

在目镜保持不变的情况下，使用不同放大倍数的物镜所能达到的分辨率及放大率都是不同的。一般情况下，特别是初学者，进行显微观察时，应遵守从低倍镜到高倍镜再到油镜的观察程序，因为低倍数物镜视野相对大，易发现目标及确定检查的位置。

1）低倍镜观察

将金黄色葡萄球菌染色标本玻片置于载物台上，用标本夹夹住，移动推进器使观察对象处在物镜的正下方。下降10×物镜，使其接近标本，用粗调节器慢慢升起镜筒，使标本在视野中初步聚焦，再使用细调节器将图像调节清晰。通过玻片夹推进器慢慢移动玻片，认真观察标本各部位，找到合适的目标物，仔细观察并记录所观察到的结果。

在任何时候使用粗调节器聚焦物像时，必须养成先从侧面注视，小心调节物镜靠近标本，然后用目镜观察，慢慢调节物镜离开标本进行准焦的习惯，以免因一时的误操作而损坏镜头及玻片。

2）高倍镜观察

在低倍镜下找到合适的观察目标并将其移至视野中心后，轻轻转动物镜

转换器将高倍镜移至工作位置。对聚光器光圈及视野亮度进行适当调节后，微调细调节器使物像清晰，再利用推进器移动标本，仔细观察并记录所观察到的结果。

在一般情况下，当物像在一种物镜中已清晰聚焦后，转动物镜转换器将其他物镜转到工作位置进行观察时，物像将保持基本准焦的状态，这种现象称为物镜的同焦（Parfocal）。利用这种同焦现象，可以保证在使用高倍镜或油镜等放大倍数高、工作距离短的物镜时仅用细调节器即可对物像清晰聚焦，从而避免由于使用粗调节器时发生误操作而损坏镜头或载玻片的情况。

3）油镜观察

在高倍镜或低倍镜下找到要观察的样品区域后，用粗调节器将镜筒升高，将油镜转到工作位置；然后在待观察的样品区域加滴香柏油，从侧面注视；用粗调节器将镜筒小心地降下，使油镜浸在镜油中且几乎与标本相接；将聚光器升至最高位置并开足光圈，若所用聚光器的数值孔径值超过 1.0，则在聚光镜与载玻片之间也应加滴香柏油，以保证其达到最大的效能；调节照明使视野的亮度合适；用粗调节器将镜筒徐徐上升，直至视野中出现物像并用细调节器使其清晰准焦为止。

有时按上述操作还找不到目标物，则可能是由于油镜头下降还未到位，或因油镜上升太快，以至眼睛捕捉不到一闪而过的物像。遇此情况，应重新操作。另外应特别注意不要在下降镜头时用力过猛，或调焦时误将粗调节器向反方向转动而损坏镜头及载玻片。

3. 显微镜用毕后的处理

（1）上升镜筒，取下载玻片。

（2）用擦镜纸拭去镜头上的镜油，然后用擦镜纸蘸少许二甲苯（香柏油溶于二甲苯）擦去镜头上残留的油迹，最后用干净的擦镜纸擦去残留的二甲苯。

切忌用手或其他纸擦拭镜头，以免使镜头沾上污渍或产生划痕，影响观察。

（3）用擦镜纸清洁其他物镜及目镜；用绸布清洁显微镜的金属部件。

（4）将各部分还原，反光镜垂直于镜座，将物镜转成"八"字形，再向下旋，以免接物镜与聚光镜发生碰撞危险。

四、普通光学显微镜的使用注意事项

（1）持镜时必须是右手握臂、左手托座的姿势，不可单手提取，以免零件脱落或碰撞到其他地方。

(2)要轻拿轻放,不可把显微镜放置在实验台的边缘,以免碰翻落地。

(3)要保持显微镜的清洁。光学和照明部分只能用擦镜纸擦拭,切忌口吹手抹或用布擦;机械部分用布擦拭。

(4)水滴、酒精或其他药品切勿接触镜头和镜台,如果沾污应立即擦净。

(5)放置玻片标本时要对准通光孔中央,且不能反放玻片,防止压坏玻片或碰坏物镜。

(6)要养成两眼同时睁开的习惯,左眼用以观察视野,右眼用以绘图。

(7)不要随意取下目镜,以防止尘土落入物镜,也不要任意拆卸各种零件,以防损坏。

(8)使用完毕后,必须复原才能放回镜箱内。其步骤是:取下标本片→转动旋转器使镜头离开通光孔→降下镜台→平放反光镜→降下聚光器(但不要接触反光镜),关闭光圈→推片器回位→盖上绸布和外罩→放回实验台柜内。最后填写使用登记表。(注:反光镜通常应垂直放,但有时因聚光器没提至应有的高度,镜台下降时,会碰坏光圈,所以这里改为平放)

第二节 高压蒸汽灭菌锅

高压蒸汽灭菌锅(简称高压灭菌锅)也称高压蒸汽消毒锅,可用于各种培养基、无菌水、接种工具等物品的灭菌。其缺点是制造严格,投资大;优点是操作方便,灭菌时间短,效率高,节省燃料。

一、高压灭菌锅的种类

目前生产使用的高压灭菌锅有许多类型。按加热方式分,有电热式高压灭菌锅、煤热式高压灭菌锅及煤电加热两用式高压灭菌锅等类型;按形状和容量不同分,有手提式高压灭菌锅、立式高压灭菌锅和卧式高压灭菌锅三种类型。

1. 手提式高压灭菌锅

手提式高压灭菌锅如图2.4所示。这种锅结构简单,轻便、经济,使用方便,可用电、煤、气、柴作为热源,最高控温为126 ℃,但容量一般为17 L,适于对试管培养基、三角瓶或培养皿、无菌水、少量菌种瓶及一些接种器具进行灭菌,每锅可装18 mm×180 mm的试管120~180支或500 mL的盐水瓶10~13瓶。

2. 立式高压灭菌锅

立式高压灭菌锅如图2.5所示。这类锅容量较大,一般为40~110 L,除装有压力表、放气阀和安全阀外,还有进出水管等装置;以火力或电力为能源,灭菌时间短,效果好,主要用于原种和栽培种培养基的灭菌。

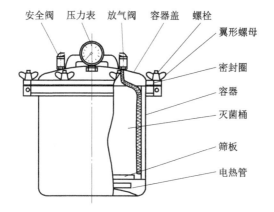

图 2.4　手提式高压灭菌锅

1—安全阀；2—压力表；3—放汽阀；4—容器盖；5—螺栓；6—翼形螺母；
7—密封圈；8—容器；9—灭菌桶；10—筛板；11—电热管

3. 卧式高压灭菌锅

卧式高压灭菌锅如图 2.6 所示。它有卧式圆形高压灭菌锅和卧式方形高压灭菌锅两种。卧式圆形高压灭菌锅又分为电热式和煤热式，每次可装 750 mL 的菌种瓶 80~300 瓶。灭菌锅一般以锅炉产生的高压蒸汽为能源，每次可装 380 瓶。这种锅容量大，灭菌彻底，效果好，适用于大规模的生产使用。

图 2.5　立式高压灭菌锅

图 2.6　卧式高压灭菌锅

二、高压蒸汽灭菌锅的工作原理

高压蒸汽灭菌锅是一个密闭的、能承受一定压力的金属锅。它是一种利用电热丝加热水而产生蒸汽，并能维持一定压力的装置。高压锅主要由一个可以密封的桶体、压力表、排气阀、安全阀、电热丝等组成，工作压力一般在152~203 kPa。在锅底或夹层中盛水，锅内的水煮沸后产生蒸汽，在密闭状态下，蒸汽不能向外扩散，迫使锅内的压力升高。随着蒸汽的压力升高，水的沸点也随之升高，饱和蒸汽的温度随压力的加大而升高，因此可获得高于100 ℃的蒸汽温度。在常压下，蒸汽温度只有100 ℃，而当密闭容器内压力达105 kPa时，蒸汽温度可达121 ℃，从而达到迅速、有效地灭菌的目的。

三、高压蒸汽灭菌锅的操作规程

（1）消毒器使用时应进行室内消毒，由专人操作，不得在公共场所使用。

（2）插座必须连接地线，应确保电源插头插入牢固，切勿损坏电线或使用非指定的电源线。电源线上连接的弹簧片为保护接地，应保持接触良好。

（3）安全阀和压力表使用期限满一年应送法定计量检测部门鉴定。

（4）消毒器物品之间留有间隙，顺序地堆放在消毒器内的筛板上，这样有利于蒸汽的穿透力，可提高灭菌效果。

（5）加热时应注意把电源线插头插紧，使插头接地铜片与护罩紧密接触，以保证使用安全。加热开始时将放气阀子摘下放在垂直开放位置，消毒器内冷空气会随着加热由阀孔溢出。当阀孔蒸汽急速冲出时，将放气阀摘子恢复原位。当消毒器压力达到所需的范围时，适当地调整或通断热源，使之维持恒压，并开始计算消毒时间，按不同的物品和包装保持所需消毒的时间。

（6）敷料、器械和器皿等消毒后在需要干燥时，可在消毒终了时将消毒器内的蒸气由放气阀排出，当压力表指针回到零位后，稍待1~2 min，将盖打开，并继续加热几分钟，这样能使物品达到干燥的目的。

（7）对溶液、培养基等采用高压蒸汽灭菌，灭菌结束后如果立即放气，会因为锅内压力突然下降而引起装有培养基的瓶子爆破，或瓶口塞子喷出导致瓶内溶液溢出等严重事故，所以在灭菌终了时不应立即放气，而应停止加热使其自然冷却20~30 min，使锅内压力下降至零位（压力表指针回到零位）后数分钟，将放气阀打开，然后略微打开高压锅盖子（开一条缝），人离开消毒室，待其自然冷却到一定程度后再取出。

四、高压蒸汽灭菌锅的使用方法

1. 准备

将高压蒸汽灭菌锅放在 2 000 W 电炉上，或放在有足够火力的煤气灶、煤炉上，在外层锅内加适量的水至水位标记线为止；将需要灭菌的培养基及空玻璃器皿用牛皮纸包好，装入锅内套层中，物品放置不宜过多，过挤，锅内应留出 1/3 的空间；盖严锅盖，采用对角式均匀拧紧锅盖上的螺旋，并关闭锅盖上的气阀。

2. 加热

点燃热源，开始加热。当锅盖上的压力表达到 0.5 kg/cm^2 时，打开放气阀，排净锅内的冷空气，直到压力表回降到"0"时，关闭气阀，继续加热。当压力表上升到所需压力时（一般为 1 kg/cm^2），此时压力表上指示的相应温度为 121.3 ℃，开始计算灭菌时间，一般为 15~30 min。此时应适当关小热源，不断调节热源的大小，使压力始终维持在所需的数值上；达到保压时间后，应停止加热，使灭菌锅内的压力自然下降。

3. 结束

待压力表降至"0"时，打开排气阀，拧松螺旋，半开锅盖，用锅内余热烘干盖纸，在 10 min 后取出灭菌物品。

五、高压蒸汽灭菌锅的使用注意事项

1. 消毒物品的初步处理

凡接触过病原微生物的医疗器械等，均应先用化学消毒剂进行消毒，然后按照常规清洗，特别是传染病房使用后的各类物品，要严格把关。先严密消毒后，再清洗消毒；有轴节、齿槽或缝隙的器械和其他物品，应尽可能张开或拆卸，进行彻底清洗；其他微生物、细胞等培养用物品应按照相关方法清洗干净；洗涤后的物品应烤干，按需要分包，防止交叉污染。

2. 装入灭菌物品前的准备

将待测灭菌物放入灭菌器之前，一定要先检查灭菌仓内的水位，防止水位过高或干烧。高压灭菌器腔盖要旋转到一定的高度。过松容易造成灭菌过程中的蒸汽泄漏；过紧容易造成密封圈的摩擦变形。最好选择有自动压力连锁装置的灭菌器。

3. 灭菌物品应多少适宜，布局合理

为了达到灭菌的目的，灭菌腔内的物品应不要太满、太紧，以利于蒸汽定量流通。灭菌物品体积过大，蒸汽就不易穿透物品。最好下层物品摆放尽量稀疏。如果下层蒸汽量相对较少，分压不够，会造成灭菌不完全。因此摆放时,应注意上下叠放,留有较多空隙,以利于蒸汽穿透。如需对较小物品进行灭菌,应事先装在蒸汽容易穿透的容器中,不能选用民用铝盒进行高压灭菌。灭菌腔内的物品不能超过灭菌腔总容量的80%。

4. 必须充分排除冷空气

压力蒸汽灭菌器内蒸汽的温度不仅与压力有关,而且与蒸汽的饱和度有关。灭菌腔内冷空气未排尽时,即使蒸汽压力达到要求,温度也上不到相应的高度,而且还会影响高压蒸汽穿透物品的能力,故首先要排净锅内的冷空气。冷空气的排除是灭菌效果的可靠保障。

六、影响高压蒸汽灭菌锅灭菌效果的因素

1. 水

水温会极大地影响灭菌锅真空系统的性能。水温过高可能会导致预定的真空水平的改变,因此水温应尽量低。灭菌锅使用的水应符合应用水质量,且温度最好不要超过 15 ℃。水的硬度值为 0.7~2.0 mmol/L,超出该范围的硬度值可能会引起水垢和腐蚀等问题,进而缩短灭菌器的使用寿命。因此使用的水必须经过处理,且要保持灭菌腔的清洁。

2. 蒸汽的干燥程度

灭菌器应使用干燥程度不小于 0.9 的饱和蒸汽,即蒸汽含水量不超过 10%;金属负载状态下,干燥程度应不小于 0.95,以保持温度与压力符合线性关系。

3. 灭菌时间

灭菌时间是指灭菌过程中灭菌室内达到规定温度后灭菌所需的时间,包括热穿透时间、热死亡时间和安全时间。热穿透时间是指从灭菌腔内达到灭菌温度开始计算的时间到灭菌腔内最难达到的部位也达到此温度的时间。热死亡时间即杀灭微生物所需要的时间,一般以杀灭嗜热脂肪杆菌所需的时间来表示。嗜热脂肪杆菌需 121 ℃,12 min 才能死亡。安全时间即为使灭菌得到确切保证所需增加的时间,一般为热死亡时间的一半,其长短视消毒物品而定。易导热的金属器材的灭菌无须安全时间。

七、高压蒸汽灭菌锅的维护保养

对灭菌器进行维护和定期检查,可更好地保证灭菌器的性能和使用寿命。

(1) 每日灭菌前检查灭菌器上盖、压力探头、蒸汽调节阀、安全阀等是否处于完好状态。清除灭菌器腔内排气口的异物,防止管路堵塞,以保证排

气通畅；用抹布擦洗密封橡胶圈表面，除去密封橡胶圈上的异物，确保灭菌器的密封性。

（2）每周清洗一次灭菌腔，清洗腔内壁应使用无氯的清洗剂。在特殊的情况下，可以偶尔对难以擦干净的地方使用去污粉或含铬的清洗剂，但不能使用钢刷，以免对不锈钢有所腐蚀。每年一次的整机检测、维护保养由专业技术人员进行。

为了提高灭菌效果，防止事故发生并延长高压蒸汽灭菌锅的使用寿命，从灭菌开始到结束的每一步都要严格按要求进行操作；要提高对灭菌工作的认识，加强灭菌知识的学习，同时，要加强灭菌质量检查工作，对灭菌器的装载、检测等指标进行严格检查，把好灭菌质量关；要根据实际操作中存在的问题，有针对性地采取措施，消除隐患，保证灭菌效果。

第三节　干热灭菌箱

图 2.7 所示为干热灭菌箱，主要用于耐高热、不耐湿热或蒸汽和气体不能穿透的物体的灭菌，如金属器械、玻璃器皿等物品的消毒灭菌。干热灭菌箱调温的范围一般在 40~180 ℃；在对玻璃器皿等物进行灭菌时，可将温度调至 160 ℃，灭菌 2 h，即可将器皿上的微生物全部杀死。干热灭菌箱广泛用于生物实验室。

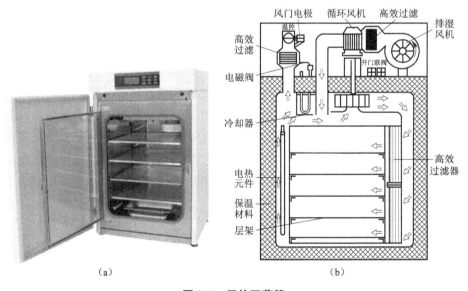

图 2.7　干热灭菌箱
(a) 实物；(b) 内部结构

一、干热灭菌箱的工作原理

利用干热空气进行灭菌，称为干热灭菌法。加热可以破坏菌体内蛋白质和核酸中的氢键，导致核酸被破坏，酶失去活性，进而导致微生物死亡。所以利用高温使微生物细胞内的蛋白质凝固变性以达到灭菌的目的。微生物细胞内的蛋白质凝固性与其本身的含水量有关。在菌体受热时，环境和细胞内含水量越大，蛋白质凝固就越快；反之含水量越小，蛋白质凝固越缓慢。因此，与湿热灭菌相比，干热灭菌所需温度要高（160~170 ℃），时间要长（1~2 h）。但干热灭菌温度不能超过 180 ℃，否则，包器皿的纸或棉塞就会烧焦，甚至引起燃烧。灭菌条件一般是 160 ℃，不少于 2 h。由于空气是一种不良的传热物质，穿透力弱，且不太均匀，所需的灭菌温度较高，时间较长，所以容易影响药物的理化性质。在生产中除极少数药物采用干热空气灭菌外，大多用于器皿和用具的灭菌。

二、干热灭菌箱的操作步骤

（1）调节鼓风旋钮：根据干燥灭菌物品的情况，把风门调节旋钮旋到合适的位置。

（2）打开电源及风机开关：此时电源指示灯亮，电动机运转。控温仪表显示经过"自检"过程后，"PV"屏应显示工作室内的测量温度，"SV"屏应显示使用中需干燥的设定温度，此时干热灭菌箱即进入工作状态。

（3）按一下"L"键，此时"SV"屏显示"5P"，用"↑"或"↓"键改变原"SV"屏显示的温度值，直至达到需要值为止。设置完毕后，按一下"SET"键，"PV"显示"5T"，进入定时功能。若不使用定时功能，则再按一下"SET"键，使"PV"屏显示测量温度，"SV"屏显示设定温度即可。若使用定时，则当"PV"屏显示"5T"、"SV"屏显示"0"时，用"加减"键设定所需时间。设置完毕，按一下"SET"键，使干热灭菌箱进入工作状态即可。

（4）装入待灭菌物品：将包好的待灭菌物品（培养皿、试管、吸管等）放入电烘箱内，上下四周应留存一定的空间，物品不要摆得太挤，以免妨碍空气流通。灭菌物品也不要接触电烘箱内壁的铁板，以免包装纸烤焦起火。最后关好箱门。

（5）灭菌：接通电源，拨动开关，打开电烘箱排气孔，让温度逐渐上升。当温度升至 100 ℃时，关闭排气孔，直至达到所需温度。当温度达到 160~170 ℃时，恒温调节器会自动控制调节温度，并保持此温度 2 h。在干热灭菌过程中,严防恒温调节的自动控制失灵而造成安全事故。

(6) 降温:切断电源,自然降温。

(7) 开箱取物:待电烘箱内的温度降到 70 ℃以下后,打开箱门,取出灭菌物品。电烘箱内温度降到 70 ℃以前,切勿自行打开箱门,以免骤然降温导致玻璃器皿炸裂。

三、干热灭菌箱的使用注意事项

(1) 干热灭菌箱消耗的电流比较大,因此它所用的电源线、闸刀开关、保险丝、插头、插座等都必须有足够的容量。为了安全,箱壳应接好地线。

(2) 放入箱体内的物品不应过多、过挤。如果被干热灭菌的物品比较湿润,应将排气窗开大。加热时,可开动鼓风机,以便将水蒸气加速排出箱外。但不要让鼓风机长时间连续运转,要注意让其适当休息。

(3) 干热灭菌箱内下方的散热板上,不能放置物品,以免烤坏物品或引起燃烧。

(4) 干热灭菌箱无防爆装置,严禁把易燃、易爆、易挥发的物品放入箱内,以免发生事故。

(5) 如果需要观察干热灭菌箱恒温室内的物品,可打开外门,隔着内玻璃门进行观察。开门次数不宜过多,以免影响恒温。

四、干热灭菌箱的维修保养

(1) 箱内外应经常保持清洁,长期不用应套好塑料防尘罩,放在干燥的环境中。

(2) 干热灭菌箱应放置在具有良好通风条件的室内,在其周围不可放置易燃易爆物品。

(3) 切勿把本机箱体放在含酸、含碱的腐蚀环境中,以免破坏电子部件。

(4) 应经常检查送风机进风口中效过滤器、出风口高效过滤器、排湿口高效过滤器及循环风耐高温高效过滤器是否需要更换。

(5) 应定期(累计使用 5 000 h)检查循环风机、新风补充风机、角行程执行电动机的轴承是否需要加油或更换。

(6) 灭菌箱门的密封件是硅橡胶,如出现老化、断裂等现象应更换。

第四节 恒温培养箱

常见的恒温培养箱分为电热式恒温培养箱和隔水式恒温培养箱,供医疗卫生、医药工业、生物化学、工业生产及农业科学等科研部门做细菌培养、育种、发酵及其他恒温实验用。电热式恒温培养箱如图 2.8 所示。

图 2.8　电热式恒温培养箱

一、恒温培养箱的结构及工作原理

电热式恒温培养箱是采用优质冷轧钢板或不锈钢薄板制作而成的(视不同规格而定),工作室内有试品搁网板,工作室与箱体外壳之间有保温层,箱门上有观察窗,以便观察工作室内的情况。

箱内自动恒温系统由传感器取样,自动恒温电路可实现自动控温。

自动恒温系统、熔断器安装于箱体的左侧,并有活络门装置,维修较为方便。

电热式和隔水式恒温培养箱的外壳通常用石棉板或铁皮喷漆制成。隔水式恒温培养箱内层为紫铜皮制成的储水夹层。电热式恒温培养箱的夹层由石棉或玻璃棉等绝热材料制成,以增强保温效果;培养箱顶部设有温度计,用温度控制器自动控制,使箱内温度恒定。隔水式恒温培养箱采用电热管加热水的方式加温,而电热式恒温培养箱用电热丝直接加热,利用空气对流,使箱内温度均匀。

二、恒温培养箱的种类

恒温培养箱可分为如下几种类型。

1. 光照培养箱

光照培养箱是具有光照功能的高精度恒温设备；光照培养箱是做细菌、霉菌，微生物的培养及育种实验的专用恒温培养装置，特别适用于生物工程、医学研究、农林科学、水产、畜牧等领域，是科研和生产使用的理想设备。光照培养箱主要用来做植物的培养。

光照培养箱外壳一般是冷轧钢板，表面采用静电喷涂工艺，内胆为工程塑料或不锈钢，保温层由聚酯发泡形成，透光窗采用双层中空玻璃以确保箱内的保温性能。箱体内部有冷、热气风道使箱内气体循环流畅，温度更加均匀。

2. 微生物培养箱

微生物培养箱适用于环境保护、卫生防疫、农畜、药检、水产等科研、院校的实验装置，是水体分析和 BOD 测定细菌、霉菌，微生物的培养、保存，做植物栽培、育种实验的专用恒温振荡设备。微生物培养箱根据所培养的微生物种类不同又有不同的分类，这里不做介绍。

3. 植物培养箱

植物培养箱实际上就是一个有光照的、带湿度的恒温培养箱。其中的光照、温度、湿度等条件能够满足植物的生长需求。植物培养箱原理是几组灯管和一套控温（通常在 5~50 ℃）装置。如果高级点的还有光照设置，比如几点开灯，几点关灯；什么时候光照强一些；等等。

4. 人工气候箱

人工气候箱是可人工控制光照、温度、湿度、气压和气体成分等因素的密闭隔离设备。

5. 恒温恒湿箱

恒温恒湿箱是可以准确地模拟恒温、恒湿等复杂的自然环境的，有着精确的温度和湿度控制系统的一种箱体。实验室一般用于植物培养、育种实验；细菌、微生物培养，育种、发酵、微生物培养；各种恒温实验、环境实验、物质变性实验；培养基、血清、药物等物品的储存；等等。其广泛适用于药物、纺织、食品加工等无菌实验，以及医疗卫生、生物制药、农业科研、环境保护等的领域研究应用。

恒温恒湿箱一般适用于电子电工、家用电器、汽车、仪器仪表、电子化工、零部件、原材料及涂层、镀层的高低温、高低湿实验，在航天、航空、船舶、兵器、电子、石化、邮电、通信、汽车等领域备受青睐。

6. 生化培养箱

生化培养箱的应用最为普遍，这种培养箱同时装有电热丝进行加热和压缩机进行制冷。它可适应的范围很大，一年四季均可保持在恒定温度，因而逐渐普及，被广泛应用于细菌、霉菌、微生物、组织细胞的培养保存以及水质分析与 BOD 测试，适合育种试验、植物栽培等，是生物、遗传工程、医学、卫生防疫、环境保护、农林畜牧等行业的科研机构、大专院校、生产单位或部门实验室的重要实验设备。

三、恒温培养箱的操作方法

（1）把电源开关拨至"1"处，此时电源指示灯亮，控温仪上有数字显示。

（2）温度设定：当所需加热温度与设定温度相同时不需设定；反之则需重新设定。先按控温仪的功能键"SET"进入温度设定状态，"SV"设定显示一闪一闪，再按移位键"◀"配合加键"▲"或减键"▼"，设定结束需按功能键"SET"确认。

如需设定温度为 37.0 ℃，原设定温度为 26.5 ℃。首先按功能键"SET"，再按移位键"◀"，将光标移至显示器十位数字上；然后按加键"▲"，使十位数字从"2"升至"3"，十位数设定后，移动光标依次设定个位和分数位数字，使设定温度显示为 37.0 ℃，最后按功能键"SET"确认，温度设定结束。

（3）上限跟踪报警设定：产品出厂前已设定为 10 ℃，一般不需要再进行设定。如需重新设定按功能键"SET"5 s，仪表进行上限跟踪报警，设定状态"AL1"再按移位键"◀"配合加键"▲"或减键"▼"操作；最后按功能键"SET"确认，跟踪报警设定结束。

（4）温度显示值修正：由于产品出厂前都经过严格的测试，一般不需要再进行修正。如产品使用时的环境不佳，外界温度过低或过高，会引起温度显示值与箱内实际温度误差，若超出技术指标范围时，可以修正。具体步骤：按功能键"SET"5 s，仪表进入参数设定循环状态"AL1"；继续按功能键"SET"，使 PV 显示"SC"修正；然后按移位键"◀"配合加键"▲"或减键"▼"操作，就可以进行温度修正；最后按功能键"SET"确认，温度显示值修正结束。

（5）设定结束后，各项数据长期保存，此时培养箱进入升温状态，加热指示灯亮。当箱内温度接近设定温度时，加热指示灯忽亮忽熄，反复多次，控制进入恒温状态。

（6）打开内外门，把所需培养的物品放入培养箱，关好内外门，如内外门开门时间过长，箱内温度有些波动，这是正常现象。

（7）根据需要选择培养时间。培养结束后，把电源开关拨至"0"。如不马上取出物品，请不要打开箱门。

（8）如果你对控温精度和波动度有较高的要求，可采用 PID 自整定控制。当箱内温度第一次达到设定温度时，先按功能键"SET" 5 s，使仪表进入设定循环状态"AL1"；继续按"SET"键，使 PV 显示"ATU"，SV 显示"0000"；然后按加键"▲"，使 SV 显示"0001"；最后按功能键"SET"确认。此时自整定指示灯亮，控温仪进入 PID 自整定控制。

四、恒温培养箱的使用注意事项

（1）本培养箱为不防爆型，应放置在具有良好通风条件的室内；在其周围也不可放置易燃、易爆物品。另外，腐蚀性及易燃性物品，也禁止放入箱内。切勿把本机箱体放在含酸、含碱的腐蚀环境中，以免破坏电子部件。

（2）此箱工作电压为交流电 220 V/50 Hz。使用前必须注意所用电源、电压是否与所规定的电压相符，将电源插座接地极并按规定进行有效接地。

（3）在通电使用时，切忌用手触及箱左侧空间的电器部件或用湿布揩抹及用水冲洗。

（4）电源线不可缠绕在金属物上，不可放置在高温或潮湿的地方，防止橡胶老化、漏电。

（5）放置在箱内的实验物不宜过挤，空气应流动畅通，箱内受热要保持均匀。内室底板靠近电热器，故不宜放置实验物。在实验室，应将风顶活门适当旋开，以便调节箱内温度。

（6）当培养箱放入贵重菌种和培养物时，应勤观察；当发生异常情况时，应立即切断电源，避免发生意外或不必要的损失。当使用温度较高时，应注意小心烫伤。

（7）非必要时，不得打开温度控制仪，以防损坏。

（8）熔丝管装于箱内左侧空间内，调换时需要打开边门，并切断电源。

（9）每次使用完毕后，须将电源切断。经常保持箱内外清洁和水箱内水的清洁。长期不用应盖好塑料防尘罩，放在干燥室内。

（10）长期不使用时，应切断电源，严禁各处液体进入机内，以免损坏主机。

第五节 恒 温 摇 床

恒温摇床是一种温度可控的恒温培养箱和振荡器相结合的生化仪器，主要适用于各大中院校、医学、石油化工、卫生防疫、环境监测等科研部门，对生物、生化、细胞、菌种等各种液态、固态化合物的振荡培养，是科研、教育等部门做精密培养制备不可缺少的实验室设备。

一、恒温摇床的工作原理

目前，生物实验室中使用的恒温摇床主要有气浴恒温摇床和水浴恒温摇床两种。二者恒温的原理不一样。水浴恒温摇床的恒温加热是通过加热管加热的，其中的原理就是水浴锅的原理，即在水槽中注入水，用加热管进行加热，通过加热管的控制来达到加热水，恒定温度的效果。气浴恒温摇床主要利用空气加热，即通过鼓风装置实现温度的均匀。其加热功率相对水浴恒温摇床要小很多，就目前常规的气浴恒温摇床最高的加热温度也只能达到60 ℃；温度的均匀性也相对要高一些，主要应用于无水的实验环境。

二者振荡的原理相似。仪器内部具有电容器和电感器组成的LC回路，通过这两部分形成的电能场和电磁场能量的相互交换，即可以产生自由振荡。内部的正反馈放大电路可以维持电容器和电感器的振荡持续。LC振荡器内部具有耦合式变压器、三点式振荡器和石英晶体振荡器。这三部分在通电之后的瞬间会发生状态的变化，这个变化会使得正反馈作用越来越强烈，使得内部达到暂稳状态。在持续暂稳态期间电容器充电后导通状态也发生反转，产生另外一种暂稳态。在这几者处于暂稳态期间，振荡一直周而复始地进行着。

二、恒温摇床的分类

1. 按组合件不同分类

按组合件不同，恒温摇床可分为气浴恒温摇床、水浴恒温摇床和油浴恒温摇床三种。

气浴恒温摇床是一种温度可控的恒温气箱和振荡器相结合的生化仪器，如图2.9所示。

图2.9 气浴恒温摇床

水浴恒温摇床是一种温度可控的水浴槽和振荡器相结合的生化仪器,如图 2.10 所示。

图 2.10　水浴恒温摇床

油浴恒温摇床是一种温度可控的油浴槽和振荡器相结合的生化仪器。

其中,气浴摇床控温最高可达 70 ℃,一般常用温度为 37 ℃;水浴摇床控温最高可达 100 ℃。

2. 按振荡方法不同分类

按振荡方法不同,恒温摇床可分为回旋式(实验室)恒温摇床、往复式恒温摇床和双功能(回旋又往复)恒温摇床。

3. 按振荡频率不同分类

按振荡频率不同,恒温摇床可分为 30~200 r/min、40~300 r/min 和 60~400 r/min 三种。

其中,振荡频率达到 400 r/min 时,因为振荡频率比较大,所以对三角烧瓶的质量要求高。

4. 按容积不同分类

按容积不同,恒温摇床可分为微量恒温摇床、常量恒温摇床和大型恒温摇床。

5. 按恒温范围不同分类

按恒温范围不同,恒温摇床可分为低温(5~50 ℃)恒温摇床、常温恒温摇床和高温恒温摇床。

6. 按层数不同分类

按层数不同,恒温摇床可分为单层恒温摇床和双层恒温摇床。

7. 按门数不同分类

按门数不同,恒温摇床可分为单门恒温摇床和双门恒温摇床。

8. 按显示方法不同分类

按显示方法不同,恒温摇床可分为数显(只能显示数字)恒温摇床和液晶显示屏（显示数字和字母）恒温摇床。

9. 按定时功能不同分类

按定时功能不同，恒温摇床可分为定时恒温摇床和常开恒温摇床。

10. 按放置方法不同分类

按放置方法不同，恒温摇床可分为立式恒温摇床、台式恒温摇床、叠式恒温摇床和落地式恒温摇床。

11. 按是否环保分类

按是否环保分类，恒温摇床可分为含氟恒温摇床与无氟恒温摇床。

12. 按加热功率不同分类

按加热功率不同，恒温摇床可分为999 W 以下的恒温摇床、1 000～1 999 W 的恒温摇床以及2 000 W 以上的恒温摇床。

13. 按振荡幅度不同分类

按振荡幅度不同，恒温摇床可分为 ϕ25 mm（常用）恒温摇床和 ϕ50 mm（大幅度）恒温摇床。

14. 按使用电源不同分类

按使用电源不同，恒温摇床可分为220 V、50 Hz 恒温摇床和240 V、50/60 Hz（美国 Thermo）恒温摇床。

15. 按驱动机构不同分类

按驱动机构不同，恒温摇床可分为三维平衡偏心轮驱动机构恒温摇床和四边滑杆驱动机构恒温摇床。

16. 按压缩机不同分类

按压缩机不同，恒温摇床可分为进口和国产恒温摇床、优质全封闭压缩机与空气冷却密封压缩机恒温摇床。

17. 按振幅调动方法不同分类

按振幅调动方法不同，恒温摇床可分为多级可调恒温摇床和无级可调恒温摇床。

其中，气浴恒温摇床和水浴恒温摇床是目前广泛使用的两种设备。但二者控温的最高值不一样，水的最高温度可以达到100 ℃，所以水浴的恒温范围为室温时达到99.9 ℃；而气浴是由鼓风装置实现空气加热，受空气密度和仪器密封性等原因，最高一般不超过50 ℃，所以仪器的恒温范围要小一点，即室温到50 ℃，可以实现精确控温。

三、恒温摇床的操作方法

（1）装培养试瓶。为了使仪器工作时平衡性能好，不产生较大的振动，装瓶时应将所有试瓶位布满，各瓶的培养液应大致相等。若培养瓶不足数，可将试瓶对称放置或将装入其他等量溶液的试瓶布满空位。如是双功能机型，可设定振荡方式。

（2）接通电源，根据机器表面刻度设定定时时间。如需长时间工作，可将定时器调至"常开"位置。

（3）打开电源开关，设定恒温温度。

① 将控制部分的小开关置于"设定"端，此时显示屏显示的温度为设定的温度。调节旋钮，设置到所需温度即可。

② 将控制部分的小开关置于"测量"端，此时显示屏显示的温度为实验箱内空气的实际温度。随着箱内气温的变化，显示的数字也会相应地变化。

③ 当加热到所需的温度时，加热会自动停止，绿色指示灯亮；当实验箱内的热量散发，低于所设定的温度时，新的一轮加热又会开始。

（4）开启振荡装置。

① 打开控制面板上的振荡开关，指示灯亮。

② 缓慢调节摇床"调速"旋钮至所需的振荡频率。

（5）工作完毕切断电源，置"调速"旋钮与"控温"旋钮于最低点。

（6）清洁机器，保持干净。

四、恒温摇床的使用注意事项

（1）器具应放置在较牢固的水平工作台面上，离墙离物必须保持约 10 cm 的距离，环境应清洁整齐，通风良好。

（2）用户提供的电源插座应有良好的接地措施。

（3）严禁在正常工作的时候移动机器。

（4）严禁物体撞击机器。不要用重力开启、闭合仪器箱门。

（5）开启仪器箱门前应确认托盘已处于静止状态，且仪器箱门不宜随意频繁打开。

（6）更换熔断器前应先确保电源已切断。

（7）调速应从低速向高速慢慢启动。

（8）整机严禁在阳光直射的环境中使用。

（9）仪器表面不可与汽油、香蕉水等挥发性化学品接触。

（10）使用结束后要清理机器，不能留有水滴、污物残留。

五、恒温摇床的维护保养

（1）仪器连续制冷时需 10 天做一次加热驱潮处理。

(2) 在转速范围内中速使用，可延长仪器的使用寿命。

(3) 仪器在连续工作期间，每三个月应做一次定期检查：检查是否有水滴、污物落入电动机和控制元件上；清洁轴流风机上的灰尘；检查保险丝，控制元件及紧固螺钉。

(4) 传动部分的轴承在出厂前已填充了适量的润滑脂（1 号钙—钠基），仪器在连续工作期间，每六个月应加注一次润滑脂，填充量约占轴承空间的 1/3。

(5) 仪器经长期使用，自然磨损属正常现象。仪器在使用一年以后，若发现电动机有不正常的噪声，传动部分轴承磨损，皮带松动或出现裂纹，加热恒温出现异常，电控元件失效等故障，应及时报备修理。

第六节　超净工作台

超净工作台是一种提供局部无尘无菌工作环境的单向流型空气净化设备，如图 2.11 所示。它被广泛应用于医药卫生、生物制药、食品、医学科学实验、光学、电子、无菌室实验、无菌微生物检验、植物组培接种等需要局部洁净无菌工作环境的科研和生产部门，也可连接成装配生产线，具有低噪声、可移动性等优点。它是一种能提供局部高洁净度工作环境且通用性较强的空气净化设备。它的使用对改善工艺条件，保证无菌操作，提高产品质量和增大成品率均有良好效果。

图 2.11　超净工作台

一、超净工作台的工作原理

在特定的空间内，预过滤器将室内空气初滤后，由小型离心风机压入静压箱，再由空气高效过滤器进行二级过滤。此时，从空气高效过滤器出风面吹出的洁净气流具有一定的均匀断面风速，可以排除工作区原来的空气，将尘埃颗粒和生物颗粒带走，形成无菌的高洁净的工作环境。洁净空气（进滤空气）是按设定的方向流动而形成的。以气流方向来分，现有的超净工作台可分为垂直式、由内向外式以及侧向式。从操作质量和对环境的影响来考虑，以垂直式较优越。由供气滤板提供的洁净空气以一个特定的速度下降通过操作区，在大约到达操作区的中间时分开，由前端空气吸入孔和后吸气窗吸走，在操作区下部前后部吸入的空气混合在一起，并由鼓风机泵入后正压区。在机器的上部，30%的气体通过排气滤板从顶部排出，大约70%的气体通过供氧滤板重新进入操作区。为补充排气口排出的空气，同体积的空气通过操作口从房间空气中得到补充。这些空气绝对不会进入操作区，只是形成一个空气屏障。

二、超净工作台的分类

1. 按气流流向不同分类

按气流流向不同，超净工作台可分为垂直流超净工作台和水平流超净工作台。

2. 按操作人员数量不同分类

按操作人员数量不同，超净工作台可分为单人超净工作台和双人超净工作台。

3. 按结构不同分类

按结构不同，超净工作台可分为常规型超净工作台、新型推拉式超净工作台和自循环型超净工作台（仅限垂直流）。

超净工作台根据气流的方向不同，还可分为垂直流超净工作台（Vertical Flow Clean Bench）和水平流超净工作台（Horizontal Flow Clean Bench）。垂直流超净工作台风可以垂直吹，这样可以保证人的身体健康。但由于风机在顶部，所以噪声较大；因此，多用在医药工程。水平流工作台噪声比较小，风向往外，所以多用在电子行业，对人的身体健康影响不大。超净工作台按操作结构不同还可分为单边操作和双边操作两种形式；按用途不同又可分为普通超净工作台和生物（医药）超净工作台。

三、超净工作台的操作方法

1. 调试

所有的超净工作台出厂前都经过严格的测试，以保证正常的使用。但这并不是说，厂家的测试就能代替操作者使用前做的必要检验和调试。因为超净工作台所处的环境各异，只有经过适当的检验和调试，才能最大限度地发挥设备的作用。在调试前应为机器选定一个较好的环境，将其置于一间有空气消毒设施的无菌室是最好的。如果条件不具备，就应将机器安放于人员走动少、较清洁的房间中。另外，调整各脚的高度，可以保证工作台的稳妥和操作面的水平。超净工作台的供电应用一条专门电路，以避免电路过载造成空气流速的改变。与简陋的无菌罩相比，超净台具有活动自由，容易到达操作区的任何地方的优点。紫外线杀菌灯和照明用日光灯是超净工作台的标准配置；鼓风机可提供空气流动的动力。这些部件是否正常工作是一目了然的。最困难也最重要的是检查空气滤板及其密封性，它直接关系到机器的正常使用。最简单的检查方法是营养琼脂平板法。新购买的和久置未用的超净工作台除用紫外灯等照射外，最好能进行熏蒸处理。在机器处于工作状态时，在操作区的四角及中心位置各放一个打开的营养琼脂平板，两小时后盖上盖并置于 37 ℃的培养箱中培养 24 h，计算出菌落数。平均每个平皿菌落数必须少于 0.5 个。

2. 使用

超净工作台使用前应用紫外灯照射 30~40 min，并检查操作区周围各种可开启的门窗是否处于工作时的位置。操作最好在操作区的中心位置进行，因为在设计上，这是一个较安全的区域。在进行操作前应对实验材料有一个初步的认识，同时了解自己所使用的设备的性能及安全等级。严格执行实验室的安全规程。特定病原在任何超净工作台中的使用都必须进行安全性评估。如果实验材料会对周围环境造成环境污染，就应避免在无排气滤板的型号内使用，因为在流动空气中操作与散毒无异。任何先进的设备并不能保证实验的成功，动物检疫实验室超净工作台的使用是以无菌和避免交叉污染为目的的，因此熟练的操作和明确的无菌要领是必不可少的。

四、超净工作台的使用注意事项

超净工作台的电源多采用三相四线制。其中，有一零线连通机器外壳，应接牢在地线上；另外三线都是相线，工作电压为 380 V。三线接入电路中有一定的顺序，如线头接错了，则风机会反转，这时声音正常或稍不正常，超净工作台正面就无风（可用酒精灯火焰观察动静，但不宜久试）。应及时切断电源，只要将其中任何两相的线头交换一下位置再接上，即可解决。三相线若只接入两相，或三相中有一相接触不良，则机器的声音就会很不正常。此时，应立即切断电源仔细检修，否则会烧毁电动机。这些常识应在开始使用超净工作台时就向工作人员讲解清楚，以免除不应造成的事故与损失。

超净工作台进风口在背面或正面的下方，金属网罩内有一普通泡沫塑料片或无纺布，用以阻拦大颗粒尘埃，应常检查、拆洗。如发现泡沫塑料老化，应及时更换。除进风口以外，若有漏气孔隙，应当堵严，如贴胶布、塞棉花、贴胶水纸等。工作台正面的金属网罩内是超级滤清器。超级滤清器也可更换，若使用年久，尘粒堵塞，风速减小，不能保证无菌操作时，则可换上新的。

超净工作台使用寿命的长短与空气的洁净度有关。在温带地区，超净工作台可在一般实验室使用；但在热带或亚热带地区，或多粉尘的地区，由于大气中含有大量的花粉，所以超净工作台宜被置放于有双道门的室内使用。任何情况下不应将超净工作台的进风罩对着开敞的门或窗，以免影响滤清器的使用寿命。

在超净工作台上亦可吊装紫外线灯，但应装在照明灯罩之外，并错开照明灯的排列，这样在工作时不会妨碍照明。若将紫外线灯装入照明灯罩（玻璃板）里面，这是毫无用处的。因为紫外线不能穿透玻璃，它的灯管是石英玻璃的，而不是硅酸盐玻璃的。紫外线灯使用前应开灯 15 min 以上照射灭菌，但凡是照射不到之处仍是有菌的。在紫外线灯开启时间较长时，可激发空气中的氧分子结合成臭氧分子，这种空气有很强的杀菌作用，可以对紫外线没有直接照到的角落产生灭菌效果。由于臭氧有碍健康，在进入操作室前应先关掉紫外线灯，十多分钟后才可入内。

五、超净工作台的维护保养

超净工作台是一台较精密的电气设备，对其进行经常性的保养和维护是非常重要的。首先要保持室内的干燥和清洁，潮湿的空气既会使制造材料锈蚀，还会影响电气电路的正常工作；潮湿空气还会促进细菌、霉菌的生长。另外，定期对设备的清洁是正常使用的重要环节。清洁应包括使用前后的例行清洁和定期处理。熏蒸时，应将所有缝隙完全密封。如是操作口设有可移动挡板封盖类型的超净工作台，可用塑料薄膜密封。超净工作台的滤板和紫外杀菌灯都有标定的使用年限，应按期更换。

第三章 细胞生物学实验仪器设备分析技术

第一节 二氧化碳培养箱

二氧化碳培养箱是通过在培养箱箱体内模拟形成一个类似细胞/组织在生物体内的生长环境,来对细胞/组织进行体外培养的一种装置,如图3.1所示。培养箱要求有稳定的温度(37 ℃)、稳定的CO_2浓度(5%)、恒定的酸碱度(pH值为7.2~7.4)、较高的相对饱和湿度(95%)。

图3.1 二氧化碳培养箱

一、二氧化碳培养箱的工作原理

细胞是构成所有活的有机体的基本单位。要想研究细胞的功能、代谢以及细胞对环境诸因素影响的反应等,就必须要创造既能使细胞脱离复杂环境的直接影响,又能维持正常生命活动的环境条件。二氧化碳培养箱就是这样一种能使细胞在人工环境正常生长的科学实验装置。二氧化碳培养箱广泛应用于医学、免疫学、遗传学、微生物学、农业科学、药物学的研究和使用,已经成为上述领域实验室最普遍使用的常规仪器之一。全世界的用户对二氧化碳培养箱都有两条最基本的要求：一是要求二氧化碳培养箱能够对温度、二氧化碳浓度和湿度提供最精确稳定的控制，以便于研究工作的进展；二是要求二氧化碳培养箱能够对培养箱内的微生物污染进行有效的防范，并且能够定期消除污染，以保护研究成果，防止样品损失。所以，选购二氧化碳培养箱时最关心的当然是其高可靠性、对污染的防范和控制及使用方便。

1. 温度控制

1）加热方式

加热方式有气套式加热和水套式加热两种加热方式。两种加热系统都是精确和可靠的，同时它们都有着各自的优点和缺点。水套式加热是通过一个独立的水套层包围内部的箱体来维持温度恒定的。水是一种很好的绝热物质。断电时，水套式系统可以比较长时间地保持培养箱内温度的准确性和稳定性（维持温度恒定的时间是气套式系统的3~4倍），有利于实验环境不太稳定（如有用电限制，或者经常停电）且需要保持长时间稳定的培养条件选用。气套式加热是通过遍布箱体气套层内的加热器直接对内箱体进行加热，又叫六面直接加热。气套式与水套式相比，具有加热快，温度的恢复比水套式培养箱迅速的特点，特别有利于短期培养以及需要箱门频繁开关的培养情况。此外，对于使用者来说，气套式设计比水套式更简单化（水套式需要对水箱进行加水、清空和清洗，并要经常监控水箱运作的情况）。

2）温控系统

保持培养箱内恒定的温度是维持细胞正常生长的重要因素，因此精确可靠的温控系统是培养箱不可或缺的重要部分。为了使培养箱能更加稳定地工作，一般都选用具备相互独立三重温度控制功能，即具有箱内温度控制功能、超温报警控制功能和环境温度监控功能的二氧化碳培养箱。

3）温度均一性

二氧化碳培养箱箱体内的温度均一性也是使用者需要考虑的主要因素。一般在箱体内配备了风扇以及风道的培养箱的均一度要好很多，同时此装置还有助于箱内温度、CO_2浓度和相对湿度的迅速恢复。

2. 二氧化碳浓度控制

1）二氧化碳浓度的两种控制方法

二氧化碳的浓度通过热导传感器（TCD）或红外传感器（IR）进行测量。两种传感器都是准确的，但都各有优缺点。热导传感器监控CO_2（二氧化碳）浓度的工作原理是基于对内腔空气热导率的连续测量，即输入CO_2气体的低热导率会使腔内空气的热导率发生变化，这样就会产生一个与CO_2浓度直接成正比的电信号。红外传感器（IR）是通过一个光学传感器来检测 CO_2 浓度的。IR 系统包括一个红外发射器和一个传感器，当箱体内的 CO_2 吸收了发射器发射的部分红外线之后，传感器就可以检测出红外线的减少量，而被吸收红外线的量正好对应于箱体内 CO_2 的水平，从而可以得出箱体内 CO_2 的浓度。由于 IR 系统是通过红外线减少来确定箱内 CO_2 浓度的，而箱体内颗粒物又能够反射或部分吸收红外线，使红外传感器系统对箱体内颗粒物的多少比较敏感，因此红外传感器应用在含高效空气过滤器的培养箱内比较合适。

2）二氧化碳测量系统的自动校准功能

无论是哪种二氧化碳测量系统，在使用一段时间后都会产生漂移，从而会直接导致箱体内 CO_2 的浓度不能稳定在所需的设定值内，致使培养失败，所以建议选择带有校准功能的培养箱。

3）二氧化碳浓度的均一性

此点与温度均一性的要求类似。

3. 相对湿度控制

箱内湿度对于培养工作来说是一个非常重要而又常被忽略的因素。只有维持足够的湿度水平并且要有足够快的湿度恢复速度（如在开关门后），才能保证不会由于过度干燥而导致培养失败。目前，大多数的二氧化碳培养箱是通过增湿盘的蒸发作用而产生湿气的。所以应尽量选择湿度恢复较快的培养箱。

4. 防污染设计和消毒灭菌系统

污染是导致细胞培养失败的一个主要因素，因此，二氧化碳培养箱设计了多种不同的装置来减少和防止污染的发生。其主要途径都是尽量减少微生物可以生长的区域和表面，并结合自动排除污染装置来有效防止污染的产生。例如，鉴于二氧化碳培养箱在使用过程中有时会伴有霉菌生长，为确保培养箱免受污染并且保证仪器箱体内的生物清洁性，相继问世了多种消毒灭菌方式，如带有紫外消毒功能的二氧化碳培养箱带过滤器的二氧化碳培养箱。此外，还开发设计了能使箱内达到高温湿热环境从而杀死污染微生物，达到消毒灭菌目的的二氧化碳培养箱。

这些装置对于细胞培养来说是必不可少。所以在选择清洁装置时首先应考虑的是各种方式的灭菌能力。紫外消毒能力与紫外灯距离目标的距离的二次方成反比。距离越远，消毒能力越差。所以紫外消毒方式有其局限性，难以达到彻底灭菌的要求。过滤器由于受到过滤膜孔径的影响，无法去除病毒和一些微小的细菌，也有局限性。相比较而言，高温消毒是目前比较有效的消毒灭菌方法。高温消毒又分为两种：一种是传统的高温干热消毒；另一种是先进的高温湿热灭菌。下面将重点介绍高温干热和高温湿热两种灭菌方法的优劣。高温湿热由于蒸汽潜热大，穿透力强，容易使蛋白质变性或凝固，因此该法的灭菌效率比干热灭菌的方法高。原因有以下三种：

（1）蛋白质凝固所需的温度与其含水量有关，含水量越大，发生凝固所需的温度越低。湿热灭菌的菌体蛋白质吸收水分，所以在同一温度的干热空气中更易于凝固。

（2）湿热灭菌过程中蒸汽会放出大量潜热，加速提高湿度。因而湿热灭菌比干热所需温度低。如在同一温度下，湿热灭菌则所需的时间比干热短。

（3）湿热的穿透力比干热大，可使灭菌物内部也能达到灭菌温度，故湿热比干热收效好一些。所以高温消毒并不是简单地看消毒温度，主要看是否消毒。另外，从使用角度看，湿热消毒一般控制在 90 ℃ 就能达到很彻底的消毒效果，整个消毒过程中培养箱内的所有附件都不用取出，可以全部进行消毒；而干热消毒为了达到较好的效果，温度一般都在 100 ℃ 以上，在这种温度下消毒培养箱内的传感器、过滤器等都要在消毒过程中取出，等消毒结束再装上，这样既麻烦，又不能给附件同时消毒，还会增加二次污染的概率。再者要达到 100 ℃ 以上的高温，培养箱加热系统的电热丝必然要加粗，这会导致培养箱温度控制的难度增加，均一性变差。所以选择含高温湿热灭菌方式的培养箱比较适宜。

5. 其他因素

二氧化碳培养箱的容积也是一个不可忽略的因素，小了不够用，大了又浪费又占地方。二氧化碳培养箱的可选容积非常广，而且每种类型又有不同的容积可选。使用时应选择容积相对略大一些的培养箱，以保证不时之需。此外，微处理控制系统和其他各种功能附件的运用，也使二氧化碳培养箱的操作和控制都非常的简便，且不同的微处理系统原理与控制效果无甚区别。

二、二氧化碳培养箱的结构

二氧化碳培养箱由喷塑外壳、不锈钢工作内室及电子控制部分组成。图 3.2 所示为水套式热电二氧化碳细胞培养箱的基本结构。使用时必须有二氧化碳钢瓶及二氧化碳减压阀。二氧化碳气体必须纯净，减压阀压力应稳定。二氧化碳钢瓶是压力容器。减压阀是二氧化碳专用减压阀，其性能直接影响箱内二氧化碳浓度的精度。

三、二氧化碳培养箱的操作方法

（1）打开玻璃门，在培养箱底部加入 300 mL 的蒸馏水。

（2）打开培养箱总电源（在箱体左下脚），观察培养箱显示屏是否进入自检状态，检查"℃、%、CO_2、△、▽"键的功能。

第三章 细胞生物学实验仪器设备分析技术

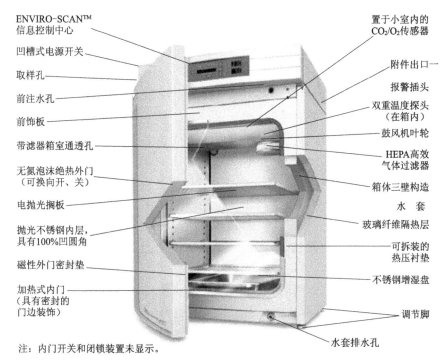

注：内门开关和闭锁装置未显示。

图 3.2 水套式热电二氧化碳细胞培养箱（型号：3111）的基本结构

（3）打开培养箱玻璃门，保持约 30 s，听到"嘀"声，按"90 ℃"键；约 5 s，灯亮，关上门，培养箱进入高温程序；约 25 h，高温结束后即可进入"Auto-Start"程序；按"Auto-Start"键，约 5 s，等到"Auto-Start"灯亮，关上门，培养箱进入自动校零和自动启动程序（约 12 h 后结束）。

（4）根据设定的程序到时间后，可在培养箱底部补足蒸馏水到 2~3 L，但不能超过 3 L。

（5）打开培养箱 N_2、CO_2 供气阀。注意 CO_2 供气必须是从减压阀输出，且压力应维持在 0.5~1 bar[①]，不能超过 1 bar。

（6）在培养箱面板设定实验要求的气体数值和温度，如 37 ℃、$w(CO_2)$ = 5%，稳定后即可放入样品。

四、二氧化碳培养箱的用途

二氧化碳培养箱广泛用于生物、医学等科研部门的细胞、组织培养和某些特殊微生物的培养，常见于细胞动力学研究，哺乳动物细胞分泌物的收集，

---

① 1 bar = 1×10^5 Pa。

各种物理、化学因素的致癌或毒理效应，抗原的研究和生产、培养杂交瘤细胞抗体，体外授精（IVF）、干细胞、组织工程研究，药物筛选，等等。

五、二氧化碳培养箱的使用注意事项

（1）二氧化碳培养箱未注水前不能打开电源开关，否则会损坏加热元件。

（2）培养箱运行数月后，水箱内的水可能因挥发减少。当低水位指示灯亮时应加水。先打开溢水管，用漏斗接橡胶管从注水孔补充水使低水位指示灯熄灭，再计量补充加水（CP-ST200A 加水 1 800 mL，CP-ST100A 加水 1 200 mL），然后堵塞溢水孔。

（3）二氧化碳培养箱可以做高精度恒温培养箱使用，这时须关闭二氧化碳控制系统。

（4）因为二氧化碳传感器是在饱和湿度下校正的，因此加湿盘必须时刻装有灭菌水。

（5）当显示温度超过设定温度 1 ℃时，超温报警指示灯亮，并发出尖锐的报警声，这时应关闭电源 30 min；若再打开电源（温控）开关仍超温，则应关闭电源并报维修人员。

（6）钢瓶压力低于 0.2 MPa 时应更换钢瓶。

（7）尽量减少打开玻璃门的时间。

（8）如果二氧化碳培养箱长时间不用，关闭前必须清除工作室内的水分，打开玻璃门通风 24 h 后再关闭。

（9）清洁二氧化碳培养箱工作室时，不要碰撞传感器和搅拌电动机风轮等部件。

（10）拆装工作室内的支架护罩，必须使用随机专用扳手，不得过度用力。

（11）搬运培养箱前必须排除箱体内的水。排水时，将橡胶管紧套在出水孔上，使管口低于仪器，轻轻吸一口，放下水管，水即被虹吸流出。

（12）搬运二氧化碳培养箱前应拿出工作室内的搁板和加湿盘，以防止碰撞损坏玻璃门。

（13）搬运培养箱时不能倒置，同时一定不要抬箱门，以免门变形。

第二节　液　氮　罐

液氮罐如图 3.3 所示，又叫液氮生物容器，是一种生物储存容器，通常被用来保存活性生物材料，如畜禽精液、活性疫苗等。

图 3.3 液氮罐

一、液氮罐的工作原理

液氮罐是通过液氮的物理特性实现其价值的一种设备。液氮是一种无色无味、温度极低的物质，常压下，其温度为-196 ℃，液氮罐的制作利用的就是液氮的这种物理特性。打开罐体底部液体管道排放阀，液氮通过管道排出，经过罐体底部的蒸发器进行气化，气化后的气体进入罐体顶部，提供液氮的罐内压力就会自增压，当液氮罐需要给外界供气时，罐内的液体会靠罐内压力将液体压出，然后通过管道送到外界。液氮在气化器气化后释放出来，实现精液或疫苗在充满氮气环境中的低温保存。

二、液氮罐的基本结构

从构造上来讲，液氮罐多由铝合金或不锈钢制造，分内、外两层。下面以天驰牌液氮罐为例对其进行介绍。液氮罐的基本结构如图 3.4 所示。

1. 外壳

液氮罐外面一层为外壳（又名外槽、外层），其上部为罐口。

2. 内槽

液氮罐内层中的空间称为内槽（又名内胆、内层），一般为耐腐蚀性的铝合金，内槽的底部有底座，供固定提筒用，可将液氮及样品储存于内槽中。

3. 夹层

夹层是指罐内外两层间的空隙，呈真空状态。抽成真空的目的是增进罐体的绝热性能，同时在夹层中装有绝热材料和吸附剂。

4. 颈管

颈管通常是玻璃钢材料，连接内、外两层，并保持有一定的长度，在颈管的周围和底部夹层装有吸附剂。顶部的颈口设计特殊，其结构既要有孔隙能排出液氮蒸发出来的氮气，以保证安全，又要有绝热性能，以尽量减少液氮的汽化量。

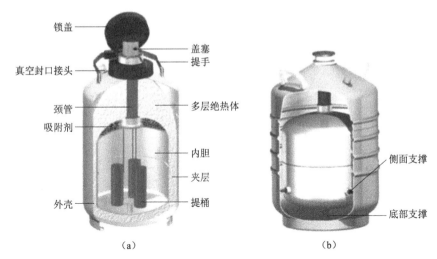

图 3.4　液氮罐的基本结构
（a）储存型；（b）运输型

5. 盖塞

盖塞由绝热性能良好的塑料制成，以阻止液氮的蒸发，同时固定提筒的手柄。

6. 提桶

提桶置于罐内槽中，可以储放细管。提桶的手柄挂于颈口上，用盖塞固定住。即便平时敞着口的时候，氮气也不会挥发很多，这是因为氮气隔热效果较好。

三、液氮罐的分类

液氮罐是液氮生物容器的简称，根据 GB/T 5458—2012《国家推荐性标准》的规定，液氮罐按用途可分为液氮储存罐、液氮储运罐和自增压式液氮容器。

1. 液氮储存罐

液氮储存罐（储存型）保存液氮时间长，适用于室内静置长时间保存活性生物材料。液氮罐常规型号里一般是配有三个圆形提桶的，储存型液氮罐可以用来放置标本、细胞等来作低温保藏。

2. 液氮储运罐

液氮储运罐（运输型）在内胆加设了支承，耐运输和振动，适用于室内静置和长途运输两种。

3. 自增压式液氮容器

自增压式液氮容器除储存液氮外不能存储其他任何东西。产品在结构上设置有液氮气化自增压管道，利用容器外边的热量，使少许液氮气化产生压力，将液氮输出，可用于运输。

按容积分类：储存式液氮容器从小到大为 2 L、3 L、5 L、6 L、10 L、15 L、20 L、30 L、35 L；运输储存两用式液氮生物容器从小到大为 10 L、15 L、30 L、35 L、50 L、100 L；自增压式液氮容器为 50 L、100 L、175 L、200 L、300 L、500 L。

按口径不同分类有 35 mm、50 mm、80 mm、125 mm、500 mm 等不同口径。

四、液氮罐的主要用途

（1）动物精液的活性保存：主要用于牛、羊等优良种公畜以及珍稀动物精液的保存，以及远距离的运输储存。

（2）生物样本的活性保存：在生物医学领域内的疫苗、菌毒种、细胞以及人、动物的器官，都可以浸泡于液氮罐储存的液氮中，进行长期活性保存。需要使用时，只要取出解冻复温即可使用。

例如，在细胞培养过程中，一般用-196 ℃的液氮保存细胞，特别是不易获得的突变型细胞或细胞株。在极低的温度下，细胞保存的时间几乎是无限的。

目前美国标准细胞库或细胞银行（ATCC）液氮冻存有 3 200 个已经过鉴定的细胞系（1992），其中包括来自正常人和各种疾病患者的皮肤纤维细胞系和来自不同物种的近 75 个杂交瘤细胞株。

此外还可以用液氮罐保存菌种、疫苗、骨组织、精子等物质，均可达到很好的长期存储的效果。

（3）金属材料的深冷处理：利用液氮罐中储存的液氮对金属材料进行深冷处理，可以改变金属材料的金相组织，显著提高金属材料的硬度、强度和耐磨性能。

（4）精密零件的深冷装配：将精密零件经过液氮深冷处理后进行装配，提高零件的装配质量，进而提高设备或仪器的整机性能。

（5）用于医疗卫生行业的冷藏冷冻，医疗手术的制冷。

①低温医学　液氮罐在我国临床低温医学发展过程中发挥了重要的作用，促进了移植医学的成长，分别在骨髓、造血干细胞、皮肤、角膜、内排泄腺体以及血管和瓣膜等的冷冻生存和移植应用中取得了明显效果。

②临床医学　液氮是目前冷冻外科中应用最广泛、效果最明显的冷冻剂，把液氮注入低温医疗器内，就像手术刀一样，可以做任何手术。有资料显示，液氮冷冻治疗面部增生性及色生性疾病，例如，斑点、脂溢性角化病、色痣及睑黄瘤等均有良好的疗效。另外，液氮冷冻疗法治疗结节性痒疹、黏液囊

肿、多发性疖及神经性皮炎等也有良好的疗效。

五、液氮罐的安全操作规程

图 3.5 所示为液氮罐设备流程图。下面依次介绍液氮罐首次充灌、补充充灌、供气操作、低温泵供液、低温液体喷淋系统、小容器充装、槽车充灌、增压调节阀设定等操作流程。

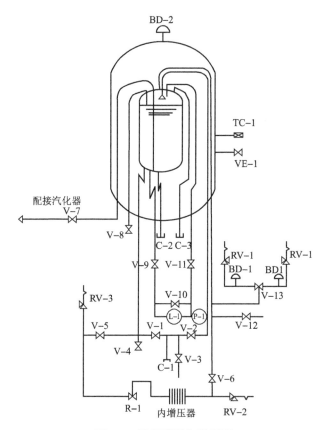

图 3.5 液氮罐设备流程图

V-1—底部液体进出口阀；V-2—顶部液体进入阀；V-3—管道残液排放阀；V-4—小容器充液阀；
V-5—增开阀；V-6—回气阀；V-7—液体出口阀；V-8—测满阀；V-9—液位计下阀；
V-10—液位计平衡阀；V-11—液位计上阀；V-12—内容器放空阀；V-13—三通切换阀；
R-1—增压调节阀；RV-1—内容器安全阀；RV-2—内增压器安全阀；RV-3—增压调节安全阀；
VE-1—抽真空阀；BD-1—内容器爆破片装置；BD-2—外壳安全装置；L-1—液位计；
P-1—压力表；TC-1—真空规管；C-1—储槽充装口；C-2—液体提取口；C-3—气体提取口

1. 首次充灌的操作方法

（1）确认供液装置里的液体就是所要充灌的液体。

（2）确认除液面计上下阀（V-11、V-9）外都已打开，其余阀门均处于关闭状态。

（3）将供液装置输液软管与储槽充装口 C-1 相连接。

（4）全开放空阀 V-12 进行常压充灌。

（5）打开管道残液排空阀 V-3，微开供液装置的排液阀，使输液软管冷却，同时吹除储槽充装口 C-1 处的杂质及空气。

（6）关闭管道残液排放阀 V-3，慢慢打开顶部液体进口阀 V-2，进行顶部喷淋充灌。

（7）在充灌液体期间，应注意储槽的压力表 P-1。若储槽内容器压力上升至超过供液压力或接近储槽的正常工作压力时，应打开内容器放空阀 V-12，使储槽放气泄压。

（8）使用 V-2 进行顶部充灌。

（9）打开管道残液排放阀 V-3，在排出输液金属软管和上进液管的残留液体后，关闭顶部液体进口阀 V-2 和管道残液排放阀 V-3。然后关闭内容器放空阀 V-12。

（10）松开输液软管与储槽充装口 C-1 的连接接头，对软管表面进行除霜；待软管恢复柔性后拆下输液软管。

2. 补充操作方法

（1）确认供液装置内的液体就是所要充灌的液体。

（2）确认除液面计上下阀（V-11、V-9）都已打开，其余阀门均处于关闭位置。

（3）打开内容器放空阀 V-12，使内容器放空泄压，再将供液装置输液软管与储槽充装口 C-1 相连接。

（4）打开管道残液排放阀 V-3，微开供液装置的排液阀，使输液软管冷却，同时吹除储槽充装口 C-1 处的杂质及空气。

（5）关闭管道残液排放阀 V-3，慢慢打开顶部液体进口阀 V-2 到全开位置。

（6）慢慢打开底部液体进出口阀 V-1，进行顶部底部同时充灌。

（7）在充灌时，应注意储槽的压力表 P-1。

（8）打开管道残液排放阀 V-3，排出输液金属软管和上进液管中的残余液体，半闭底部液体进出口阀 V-1 和顶部液体进口阀 V-2，再关闭内容器放空阀 V-12。

（9）松开输液软管与储槽充装口 C-1 的连接接头，对软管表面进行除霜，待软管恢复正常后拆下。

3. 供气的操作方法

（1）确认除液面计上下阀（V-11、V-9）已打开外，其余阀门均处于关闭状态。

（2）依次打开回气阀 V-6、增开阀 V-5、液体出口阀 V-7。

（3）当所需数量的气体已经输出，或者要把储槽关闭不用较长一段时间停止输送气体时，应关闭液体出口阀 V-7 和增开阀 V-5，过 15~20 min 后再关闭回气阀 V-6。

4. 低温泵供液操作方法

（1）确认除液面计上下阀（V-11、V-9）已打开外，其余阀门均处于关闭位置。

（2）依次打开回气阀 V-6 和增开阀 V-5。按低温液体泵的操作规程，打开泵进液阀和泵回气阀，启动低温液体泵，在低温液体泵的出口端即可输出高压低温液体；经汽化器，进入充气系统，可向外输送高压气体、充装高压气瓶等。

（3）储槽将按用户的设定压力，自动恒压地输送低温液体至低温泵进口端。

（4）在气体充装结束时，按低温泵的操作规程关闭低温泵，并关闭进液端、泵回气阀。

（5）关闭储槽的增开阀 V-5，过 10~20 min 后再关闭回气阀 V-6。

5. 低温液体喷淋系统的操作方法

（1）确认除液面计上下阀（V-11、V-9）已打开外，其余阀门均处于关闭位置。依次打开回气阀 V-6 和增开阀 V-5。

（2）打开向低温液体喷淋系统供液的阀门，开始向低温液体喷淋系统输送低温液体。

（3）低温喷淋系统工作结束后，关闭储槽向低温液体喷淋系统供液的阀门。关闭储槽的增开阀 V-5，过 10~20 min 后再关闭回气阀 V-6。

6. 供液的操作方法

（1）用橡皮管或金属管道（如紫铜管、金属软管）将小容器充液阀 V-4 与小容器相连通，并打开放空阀。

（2）慢慢打开小容器充液阀 V-4，充液过程应平稳，防止低温液体飞溅。小容器充满后关闭小容器充液阀 V-4。

7. 储槽向槽车充装低温液体的操作方法

（1）确认储槽的低温液体就是槽车所要充灌的介质。

（2）确认储槽除内容器放空阀 V-12、液位计上下阀（V-11、V-9）已打开外，其余阀门均处于关闭位置。

（3）用输液软管将储槽充装口 C-1 与槽车充装口相连接。

(4) 打开回气阀 V-6 和增开阀 V-5，储槽内容器开始增压，压力低于储槽的最高工作压力。

(5) 打开底部液体进出口阀 V-1，即开始向槽车输液。应按槽车充灌低温液体的操作规程，正确操作槽车的阀门管道系统充灌低温液体。

(6) 槽车充满后，立即关闭储槽底部液体进出口阀 V-1。

(7) 关闭储槽增开阀 V-5，过 5~6 min 后再关闭回气阀 V-6。

(8) 打开储槽管道残液排放阀 V-3，泄放输液软管中的气液，待软管恢复柔性后拆掉输液软管。至此操作结束。

8. 增压调节阀 R-1 的操作方法

(1) 确定增压调节阀 R-1 的设定压力。

(2) 确认储槽除液面计上下阀（V-11、V-9）已打开外，其余阀门均处于关闭状态。

(3) 增压调节阀 R-1 设定压力的调节。观察压力表 P-1 的读数。若压力高于增压调节阀 R-1 的设定压力，则关闭增开阀 V-5，打开内容器放空阀 V-12；当压力等于 R-1 的设定压力时，关闭内容器放空阀 V-12。若压力低于增压调节阀 R-1 的设定压力，拧紧 R-1 的调节螺丝，使储槽压力缓慢上升；当储槽压力等于 R-1 的设定压力时，关闭增开阀 V-5。

(4) 待增开阀 V-5 和增压调节阀 R-1 的温度回升到环境温度时，向外松开增压调节阀 R-1 的调节螺钉，使其处于关闭状态。

(5) 打开增开阀 V-5，以微小增量拧紧 R-1 的调节螺钉；当增压调节阀 R-1 打开时，停止调节螺钉，并锁紧 R-1 的调节螺钉。

(6) 复核 R-1 的设定压力。打开内容器放空阀 V-12，使储槽压力下降，当压力降到增压调节阀 R-1 的设定压力且低于 0.1 MPa 时，关闭内容器放空阀 V-12。接着微开增开阀 V-5，使储槽压力慢慢上升；这时注意观察压力表 P-1 和增压调节阀 R-1。如内容器的压力稳定在压力表 P-1 要求的压力下，则增压调节阀 R-1 的设定压力调节工作结束。

9. 设备的维护保养

1) 安全维护

由于液氮是易燃、易爆的气体，所以在液氧设备 6 m 的周围严禁烟火、明火，同时应避免操作时出现静电火花。如果需要维修操作时，必须在公司安保部监督下进行。工人操作时必须穿戴合适的防护用具，以防低温液体与皮肤、眼睛接触。

2) 日常检查

(1) 检查所有阀门是否处于启闭状态。

(2) 检查液面计压力表 P-1 是否正常。

(3) 检查管道、接头和阀门有无泄漏和堵塞现象。

(4) 检查储槽压力表是否正常,当储槽压力接近或等于最高工作压力时,必须打开内容器放空阀 V-12 泄压。

(5) 每两年检查一次压力表、液面计、安全开启阀的校准情况,每年更换内容器爆破装置中的爆破片。

六、液氮罐的保管

1. 液氮罐的放置

液氮罐要存放在通风良好的阴凉处,不要在太阳光下直晒。由于液氮罐制造精密及其特殊性,无论在使用或存放时,均不允许倾斜、横放、倒置、堆压、相互撞击或与其他物件碰撞,要做到轻拿轻放并始终保持直立。

2. 液氮罐的清洗

液氮罐闲置不用时,要用清水冲洗干净,将水排净,用鼓风机吹干,于常温下放置待用。液氮罐内的液氮挥发完后,所剩遗漏物质(如冷冻精子)会很快融化,变成液态物质而附在内胆上,对铝合金的内胆造成腐蚀,若形成空洞,液氮罐就必须报废,因此液氮罐内液氮耗尽后对罐子进行刷洗是十分必要的。具体的刷洗办法如下:首先把液氮罐内提桶取出,将液氮移出,放置 2~3 天,待罐内温度上升到 0 ℃左右,再倒入 30 ℃左右的温水,用布擦洗。若发现个别融化物质粘在内胆底上,一定要仔细洗刷干净。然后再用清水冲洗数次,之后倒置液氮罐,放在室内安全、不易翻倒处,自然风干,或如前所述用鼓风机风干。注意在整个刷洗过程中,动作要轻、慢,以倒入水的温度不超过 40 ℃,总质量不超过 2 kg 为宜。

3. 液氮罐的安全运输

液氮罐在运输过程中必须装在木架内垫好软垫,并固定好。罐与罐之间要用填充物隔开,防止颠簸撞击,严防倾倒。装卸车时要严防液氮罐碰击,更不能在地上随意拖拉,以免减少液氮罐的使用寿命。

七、液氮罐的使用注意事项

(1) 由于液氮罐的热量较大,第一次充液氮时,热平衡时间较长,可先充少量(60 L 左右)液氮介质预冷,然后再缓缓充满(这样才不容易形成冰堵)。

(2) 为减少以后充液氮时的损耗,在液氮罐内还有少量液氮时即重新充液氮,或在用完液氮后的 48 h 内充液氮。

(3) 为保证液氮罐使用的安全、可靠性能,液氮罐只能充装液氮、液氧和液氩。

（4）输液时，液氮罐外表面结水、结霜，都属正常现象。当把液氮罐的增压阀打开进行升压工作时，由于增压盘管是与液氮罐外筒的内壁贴合在一起的，当液氮通过时，液氮罐盘管会吸收外筒的热量进行汽化以达到升压的目的，因此，在液氮罐外筒上可能会有斑点状的结霜。当关闭液氮罐增压阀后，霜点会慢慢地散去。若液氮罐增压阀关闭没有进行输液工作时，液氮罐外表面有结水、结霜现象，说明液氮罐的真空已经被破坏，该液氮罐已不能继续使用，应找液氮罐厂家维修或做报废处理。

（5）在三级或三级以下的路面上运输液氮介质时，汽车时速不要超过30 km/h。

（6）液氮罐上的真空嘴，安全阀的封条、铅封不能损坏。

（7）如果液氮罐长期不使用，应将液氮罐内部的液氮介质排出并吹干，然后关闭所有阀门封存。

（8）在充装液氮介质前，必须用干燥空气将液氮罐内胆和所有阀门、管道吹干后，方能装液氮介质，否则会造成管道结冰阻塞，影响升压和输液。

（9）液氮罐属仪器仪表类，使用时应轻拿轻放。开启液氮罐各阀门时力道要适中，不宜过大，速度也不能过快，特别是将液氮罐金属软管与进/排液阀处的接头进行连接时，不能拧得过紧，只要稍微用力拧到位能密封就可以（球头结构容易密封），以免将液氮罐接管拧斜甚至拧断，拧时要用一只手扶住液氮罐。

第三节　细胞培养实验室

一、细胞培养实验室的设置

细胞培养实验室的技术要求与其他一般实验室工作的技术要求不同，组织细胞培养实验室要求保持无菌操作，以避免微生物及其他有害因素的影响。目前，超净工作台的广泛使用，很大程度上方便了组织细胞的培养工作，并使一些常规实验室也可以进行细胞培养。

细胞培养实验室（见图3.6）应分6个区，即无菌操作区、孵育区、制备区、储藏区、清洗区和消毒灭菌区。

1. 无菌操作区

1）无菌操作室

无菌操作室是指仅限于培养细胞及进行其他无菌操作的区域，最好能与外界隔离，不可穿行或受其他干扰。

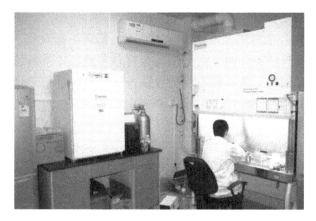

图 3.6 细胞培养实验室

理想的无菌操作室应划为三个部分。

（1）更衣室：供工作人员更换衣服、鞋子及穿戴帽子和口罩。

（2）缓冲间：位于更衣间与无菌操作间之间，目的是保证操作间的无菌环境，同时可放置恒温培养箱及某些必需的小型仪器。

（3）无菌操作间：专用于进行无菌操作、细胞培养的空间。其大小要适当，且其顶部不宜过高（不超过 2.5 m）以保证紫外线的有效灭菌效果；墙壁光滑无死角，以便清洁和消毒。工作台安置不应靠墙壁，台面要光滑，用压塑做表面，漆成白色或灰色，以利于解剖组织及酚红显示 pH 的观察。

① 无菌操作间的空气消毒：紫外线灯会产生臭氧，且室内温度及湿度会比较高，不利于工作人员的健康。空气过滤可采用恒温恒湿装置，最好采用无臭氧紫外线消毒器。洁净室（区）的空气洁净度级别如表 3.1 所示。

表 3.1 洁净室（区）的空气洁净度级别（GB 50073—2001）

空气洁净度等级/N	大于或等于表中粒径的最大浓度限值（pc/m）					
	0.1 μm	0.2 μm	0.3 μm	0.5 μm	1 μm	5 μm
1	10	2				
2	100	24	10	4		
3	1 000	237	102	35	8	
4（十级）	10 000	2 370	1 020	352	83	
5（百级）	100 000	23 700	10 200	3 520	832	29
6（千级）	1 000 000	237 000	102 000	35 200	8 320	293
7（万级）				352 000	83 200	2 930
8（十万级）				3 520 000	832 000	29 300
9（一百万级）				35 200 000	8 320 000	293 000

② 电子消毒灭菌器：在高压电场作用下，电子管的内外电极发生强烈电子轰击，使空气电离而将空气中的氧转换成臭氧。臭氧是一种强氧化剂，能同细菌的胞膜及酶蛋白氢硫基进行氧化分解反应，从而靠臭氧气体弥漫性扩散达到杀菌的目的，消毒时没有死角。消毒后空间的残留臭氧只需 30~40 min 即能自行还原成氧气，且空气不留异味，消毒物体表面不留残毒。

2）净化工作台

净化工作台具体见第二章第六节中的内容。

2. 孵育区

孵育区对无菌的要求虽不比无菌区严格，但仍需清洁无尘，因此也应设置在干扰少而非来往穿行的区域。孵育可在孵箱或可控制温度的温室中进行，后者费用高。一般实验室多采用孵箱进行工作。

3. 制备区

在制备区主要进行培养液及有关培养用的液体等的制备。

4. 储藏区

储藏区主要存放各类冰箱、干燥箱、液氮罐、无菌培养液、培养瓶等，此环境也需要清洁无尘。

5. 清洗和消毒灭菌区

清洗和消毒灭菌区应与其他区域分开，主要进行所有细胞培养器皿的清洗、准备以及消毒灭菌。

二、细胞培养实验室的设备

细胞培养实验室除一般实验室的普通常规设备外，还有一些特殊需要的设备，基本可分为两大类：第一类为常用的基本设备；第二类为较高级的特殊设备。

1. 常用的基本设备

1）仪器

（1）显微镜：倒置显微镜是组织细胞培养室所必需的日常工作常规使用设备之一，便于掌握细胞的生长情况，并观察有无污染等。

若有条件，也可配置带有照相系统的高质量相差显微镜、解剖显微镜、荧光显微镜，录像系统或缩时电影拍摄装置等，以便随时观察、记录、摄制细胞生长情况。

（2）培养箱：体外培养的细胞和体内细胞一样，需要恒定的温度。大多数情况下，细胞最适宜的温度是 37 ℃，温差变化一般不应超过±0.5 ℃。细胞在温度升高 2 ℃时，持续数小时即不能耐受，40 ℃以上将很快死亡。因此需要有能控制温度的培养箱,如具有较高灵敏度的恒温培养箱及二氧化碳培养箱,具体见第二章第四节和第三章第一节中的内容。

(3) 干燥箱:干燥箱用于细胞培养箱的有些器械、器皿需要烘干后才能使用,玻璃器皿须进行干热消毒,具体见第二章第三节中的内容。

(4) 水纯化装置:细胞培养对水的质量要求较高,细胞培养以及与细胞培养工作相关的液体的配制用水事先必须进行严格的纯化处理。水纯化时可采用离子交换装置或蒸馏器。离子交换纯水尚不能有效去除有机物,因此用水时还需再次蒸馏。在进行细胞培养时,配制各种培养液及试剂等均需使用三次蒸馏水,即使是用于玻璃器皿的冲洗,也应使用两次以上蒸馏水。

(5) 冰箱:细胞培养室必须配备的设备。

① 普通冰箱或冷藏柜——用于储存培养液、生理盐水、Hank's 液试剂等培养用的物品及短期保存组织标本。

② 低温冰箱（$-20\ ℃$）——用于储存需要冷冻保存生物活性及较长时期存放的制剂,如酶、血清等。

细胞培养室的冰箱应属专用,不得存放易挥发、易燃烧等对细胞有害的物质,且应保持清洁。

(6) 细胞冷冻储存器:储存器常用的是液氮容器。根据使用需要分为不同的类型及规格。选择购置液氮容器时要综合考虑容积的大小、取放使用是否方便及液氮挥发量（经济）三种因素。液氮容器的大小为 $25\sim500\ L$,可以储存 1 mL 的安瓿 $250\sim15\ 000$ 个。液氮温度可低达$-196\ ℃$,使用时应防止冻伤。由于液氮不断挥发,应注意观察存留液氮的情况,及时、定期地补充液氮,避免因液氮挥发过多而致细胞受损。

目前,国内各类实验室已广泛使用新型的细胞冷冻储存器。市场上所提供的各种新型的细胞冷冻储存器都具有其性能优异、使用方便等特点。例如,可通过先进的电子控制器实现冻存自动化,并监测液氮水平和样品温度,确保样品温度始终处于设定的温度点;可配备先进的报警系统,分别对液氮液面、温度、电池、电压、电源等失常情况进行报警;同时具备热气体旁路系统,防止高于$-130\ ℃$的暖空气进入液氮罐,进而更有效地保护样品,防止升温。

另外,多种规格的可供运输的先进液氮罐,不仅移动方便,还可通过连接管给储存罐补充液氮,提高工作效率,保证样品的安全。

(7) 离心机:在进行细胞培养,常规进行制备细胞悬液,调整细胞密度,洗涤、收集细胞等工作时,通常需要使用离心机,具体见第一章第六节中的内容。

(8) 天平：常用的有扭力天平、精密天平及各种电子天平。

天平的感量有 0.1 mg、0.01 mg 和 0.001 mg，可根据称取物的质量和称量精度的要求，选择适宜级别的天平。要求精密称定时，当取样量大于 100 mg，应选用感量为 0.1 mg 的天平；当取样量为 100～10 mg，应选用感量为 0.01 mg 的天平；当取样量小于 10 mg，应选用感量为 0.001 mg 的天平。

(9) 消毒器：直接或间接与细胞接触的物品均需经消毒灭菌处理，具体见第二章第二节中的内容。

(10) 滤器：目前细胞培养工作中采用的培养用液，包括人工合成培养液、血清、消化用胰酶等，常含有维生素、蛋白、多肽、生长因子等物质，这些物质在高温或射线照射下易发生变性或失去功能，因而上述液体多采用滤过除菌以除去细菌。目前常使用的滤器有 Zeiss 滤器、玻璃滤器和微孔滤器。

2) 培养用器皿

(1) 培养器皿：培养器皿是供细胞接种、生长等用的器皿，可由透明度好、无毒的中性硬质玻璃或无毒而透明、光滑的特制塑料制成。

玻璃培养器皿的优点是多数细胞均可生长，易于清洗、消毒，可反复使用，透明且便于观察；其缺点是易碎，清洗时费人力。

塑料制培养器皿的优点是一次性使用，厂家已进行消毒灭菌并密封包装好，打开即可用于细胞培养操作。

常用的培养器皿有以下几种：

① 培养瓶：由玻璃或塑料制成。主要用于培养、繁殖细胞。进行培养时，培养瓶瓶口加盖螺旋瓶盖或胶塞，胶塞多用于密封培养。国产培养瓶的规格以容量（mL）表示，如 250 mL、100 mL、25 mL 等；进口培养瓶则多以底面积（cm^2）表示。

② 培养皿：由玻璃或塑料制成，供盛取、分离、处理组织或做细胞毒性、集落形成、单细胞分离、同位素掺入、细胞繁殖等实验用。常用的培养皿规格有 10 cm、9 cm、6 cm、3.5 cm 等。

③ 多孔培养板：为塑料制品，可供细胞克隆及细胞毒性等各种检测实验使用。其优点是节约样本及试剂，可同时测试大量样本，易于进行无菌操作。培养板分为各种规格，常用的规格有 96 孔、24 孔、12 孔、6 孔、4 孔等。

各种单层生长的细胞在培养器皿中长满时可获得的细胞数，主要取决于器皿的底部表面积和细胞体积的大小。常用的培养器皿及可获得的细胞数（以 Hela 细胞为例）如表 3.2 所示。

表 3.2　常用的培养器皿及可获得的细胞数

培养器皿	底面积/($cm^2 \cdot 孔^{-1}$)	加培养液量/($mL \cdot 孔^{-1}$)	可获细胞量/($个 \cdot 孔^{-1}$)
96 孔培养板	0.32	0.1	1×10^5
24 孔培养板	2	1.0	5×10^5
12 孔培养板	4.5	2.0	1×10^6
6 孔培养板	9.6	2.5	2.5×10^6
4 孔培养板	28	5.0	7×10^6
3.5 cm 培养皿	8	3.0	2.0×10^6
6 cm 培养皿	21	5.0	5.2×10^6
9 cm 培养皿	49	10.0	12.2×10^6
10 cm 培养皿	55	10.0	13.7×10^6
25 cm 塑料培养瓶	25	5.0	5×10^6
75 cm 塑料培养瓶	75	15~30	2×10^7
25 mL 玻璃培养瓶	19	4.0	3×10^6
100 mL 玻璃培养瓶	37.5	10.0	6×10^6
250 mL 玻璃培养瓶	78	15.0	7×10^7
2 500 mL 旋转培养瓶	700	100~250	2.0×10^8

（2）与培养操作有关的器皿主要有储液瓶、吸管和加样器。

① 储液瓶：主要用于存放或配制各种培养用液体，如培养液、血清及试剂等。储液瓶分为各种不同的规格，如 1 000 mL、500 mL、250 mL、100 mL、50 mL 和 5 mL 等。

② 吸管：主要分为刻度吸管和无刻度吸管两种。刻度吸管主要用于吸取、转移液体，常用的有 1 mL、2 mL、5 mL、10 mL 等规格。无刻度吸管分为直头吸管和弯头吸管，除可以吸取、转移液体外，弯头尖吸管还常用于吹打、混匀及传代细胞。

③ 加样器（也叫移液器）：用于吸取、移动液体或滴加样本，具体见第四章第一节中的内容。

（3）其他用品：包括收集细胞用的离心管，放置试剂或临时插置吸管用的试管，装放吸管以便消毒的玻璃或不锈钢容器，用于存放小件培养物品便于高压消毒的铝制饭盒或储槽，套于吸管顶部的橡胶吸头，封闭各种瓶、管的胶塞、盖子，冻存细胞用的安瓿或冻存管，不同规格的注射器、烧杯和量筒以及漏斗，超净工作台使用的酒精灯，供实验人员操作前清洁、消毒手使用的盛有酒精或其他消毒液的微型喷壶等。

3）器械

器械主要用于解剖、取材、剪切组织及操作时持取物件。常用的有手术刀或解剖刀、手术剪或解剖剪（弯剪及直剪）；用于解剖动物、分离及切剪组织，制备原代培养的材料；眼科虹膜小剪（弯剪或直剪），用于将组织材料剪成小块；血管钳及组织镊、眼科镊（弯、直），用于持取无菌物品，（如小盖玻片）夹持组织等；口腔科探针或代用品，用以放置原代培养的组织小块；等等。

2. 特殊设备

细胞培养实验室除了应配备上述的常用基本设备外，如有条件，还可添置一些特殊或先进的设备仪器，以便更有效、更精确、更深入地进行实验室工作。例如：

（1）酶联免疫检测仪——可用于进行免疫学测定及细胞毒性、药物敏感性的检测等。

（2）超低温冰箱（-85 ℃）——用于储存某些试剂及标本。

（3）旋转培养器——用于某些特殊细胞或需要收获大量细胞的培养。

（4）荧光显微镜——进行荧光染色样本的观察。

（5）流式细胞仪——可更精确及快速地检测细胞。

（6）用于检测细胞培养条件的各种仪器，如专门为快速分析细胞培养基中主要或关键的营养成分、代谢产物及气体含量设计的多功能细胞培养分析仪，手提式二氧化碳浓度测定仪等。

第四节　倒置显微镜

一、倒置显微镜的工作原理

倒置显微镜的组成和普通显微镜一样，只不过其物镜与照明系统颠倒，前者在载物台之下，后者在载物台之上，用于观察培养的活细胞，具有相差物镜。

倒置显微镜和放大镜起着同样的作用，就是把近处的微小物体显示成一放大的像，以供人眼观察。只是显微镜比放大镜可以具有更高的放大率而已。

将物体位于物镜前方，离开物镜的距离大于物镜的焦距，但小于两倍物镜焦距；在物体经物镜以后，必然会形成一个倒立的放大的实像，再经目镜放大为虚像后即可供人眼观察。目镜的作用与放大镜一样。所不同的只是眼睛通过目镜所看到的不是物体本身，而是物体被物镜已经放大了一次的像。

二、倒置显微镜的结构

倒置显微镜的结构（见图3.7）主要分为三部分，即机械部分、照明部分和光学部分。

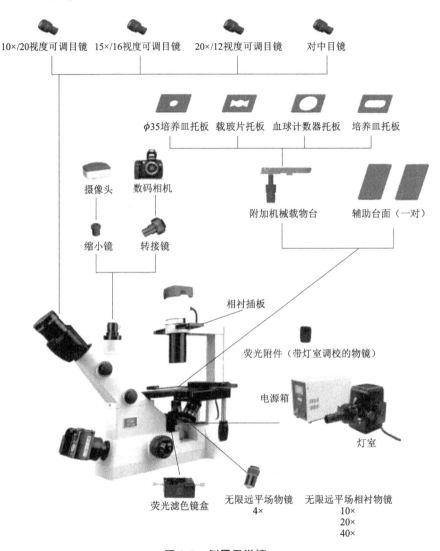

图 3.7　倒置显微镜

1. 机械部分

1）镜座

镜座是显微镜的底座，用以支持整个镜体。

2）镜柱

镜柱是镜座上面直立的部分，用以连接镜座和镜臂。

3）镜臂

镜臂一端连于镜柱，一端连于镜筒，是取放显微镜时手握的部位。

4）镜筒

镜筒连在镜臂的前上方，镜筒上端装有目镜，下端装有物镜转换器。

5）物镜转换器

物镜转换器（旋转器）接于棱镜壳的下方，可自由转动，盘上有3~4个圆孔，是安装物镜的部位。转动物镜转换器，可以调换不同倍数的物镜，当听到碰叩声时，方可进行观察，此时物镜光轴恰好对准通光孔的中心，光路接通。

6）镜台（载物台）

一般镜台在镜筒的下方，形状有方、圆两种，用以放置玻片标本。中央有一通光孔；镜台上装有玻片标本推进器（推片器）；推进器左侧有弹簧夹，用以夹持玻片标本；镜台下有推进器调节轮，可使玻片标本做前后、左右方向的移动。

7）调节器

调节器是装在镜柱上的大小两种螺旋，调节时可使镜台做上下方向的移动。

（1）粗调节器（粗螺旋）：大螺旋称为粗调节器，移动时可使镜台做快速和较大幅度的升降，所以能迅速地调节物镜和标本之间的距离，使物像呈现于视野中。通常在使用低倍镜时，先用粗调节器迅速找到物像。

（2）细调节器（细螺旋）：小螺旋称为细调节器，移动时可使镜台缓慢地升降；多在运用高倍镜时使用，可得到更清晰的物像来观察标本的不同层次和不同深度的结构。

2. 照明部分

照明部分装在镜台下方，包括反光镜和集光器。

1）反光镜

反光镜装在镜座上面，可向任意方向转动，它有平、凹两面，其作用是将光源光线反射到聚光器上，再经通光孔给标本照明。凹面镜聚光作用强，适用于光线较弱时使用；平面镜聚光作用弱，适用于光线较强时使用。

2）集光器

集光器（聚光器）位于镜台下方的集光器架上，由聚光镜和光圈组成。其作用是把光线集中到所要观察的标本上。

（1）聚光镜：由一片或数片透镜组成，起汇聚光线的作用，可加强对标本的照明，并使光线射入物镜内。镜柱旁有一调节螺旋，转动它可升降聚光器，以调节视野中光亮度的强弱。

（2）光圈（虹彩光圈）：在聚光镜下方，由十几张金属薄片组成，其外侧伸出一柄，推动它可调节其开孔的大小，以调节光量。

3. 光学部分

1）目镜

目镜装在镜筒的上端，通常备有 2~3 个，上面刻有"5×""10×"或"15×"符号以表示其放大倍数，一般装的是"10×"的目镜。

2）物镜

物镜安装在镜筒下端的旋转器上，一般有 3~4 个物镜。其中最短的，刻有"10×"符号的为低倍镜；较长的，刻有"40×"符号的为高倍镜；最长的，刻有"100×"符号的为油镜。此外，在高倍镜和油镜上还常加有一圈不同颜色的线，以示区别。

显微镜的放大倍数是物镜的放大倍数与目镜的放大倍数的乘积，如物镜为"10×"，目镜为"10×"，其放大倍数就为"10×10＝100"。

三、倒置显微镜的分类

1. 按用途不同分类

按用途不同，倒置显微镜可分为生物倒置显微镜、金相倒置显微镜、偏光倒置显微镜和荧光倒置显微镜等。

2. 按目镜类别不同分类

按目镜类别不同，倒置显微镜可分为单目倒置显微镜、双目倒置显微镜和三目倒置显微镜。其中，三目倒置显微镜除了双眼观察用的两目，还有一目是用来外接计算机或者数码相机，也就有了计算机型倒置显微镜和数码型倒置显微镜。

四、倒置显微镜的操作步骤

（1）倒置显微镜中最常用的观察方法就是"相差"。由于这种方法不要求染色，因此是观察活细胞和微生物的理想方法。这种方法可提供带有自然背景色的、高对比度的、高清晰度的图像。

（2）开机。接连电源，打开镜体下端的电控开关。

（3）使用方法如下：

① 准备：首先将待观察对象置于载物台上。然后旋转三孔转换器，选择

较小的物镜。接着观察并调节铰链式双目目镜，以舒适为宜。

② 调节光源：推拉调节镜体下端的亮度调节器至适宜。通过调节聚光镜下面的光栅来调节光源的大小。

③ 调节像距：旋转三孔转换器，选择合适倍数的物镜，更换并选择合适的目镜；同时调节升降，以消除或减小图像周围的光晕，提高图像的衬度。

④ 观察：通过目镜观察结果；然后调整载物台，选择观察视野。

（4）关机：取下观察对象，将推拉光源亮度调节器调至最暗；关闭镜体下端的开关，并断开电源；旋转三孔转换器，使物镜镜片置于载物台下侧，防止灰尘的沉降。

五、倒置显微镜的应用

倒置显微镜可供医疗卫生单位、高等院校、研究所用于微生物、细胞、细菌、组织培养、悬浮体、沉淀物等的观察，可连续观察细胞、细菌等在培养液中繁殖、分裂的过程，并将此过程中的任一形态拍摄下来；在细胞学、寄生虫学、肿瘤学、免疫学、遗传工程学、工业微生物学、植物学等领域应用广泛。

六、倒置显微镜的日常维护及使用注意事项

（1）所有镜头表面都必须保持清洁。落在镜头表面的灰尘，可用吸耳球吹去，也可用软毛刷轻轻地掸掉。

（2）当镜头表面沾有油污或指纹时，可用脱脂棉蘸少许无水乙醇和乙醚的混合液（3∶7）轻轻擦拭。

（3）不能用有机溶液擦拭其他部件表面，特别是塑料零件，可用软布蘸少量中性洗涤剂擦拭。

（4）在任何情况下操作人员都不能用棉团、干布块或干镜头纸擦试镜头表面，否则会刮伤镜头表面，严重损坏镜头；也不要用水擦试镜头，这样会在镜头表面残留一些水迹，从而滋生霉菌，损坏显微镜。

（5）仪器工作的间歇期间，为了防止灰尘进入镜筒或透镜表面，可将目镜留在镜筒上，或盖上防尘塞，或用防尘罩将仪器罩住。

（6）应尽可能不移动显微镜。若需移动应轻拿轻放，避免碰撞。

（7）不允许随意拆卸仪器，特别是重要的机械部件，以免降低仪器的使用性能。

第四章 分子生物学实验仪器设备分析技术

分子生物学是在分子水平上研究生命现象的科学，通过研究生物大分子（核酸、蛋白质）的结构、功能和生物合成等来揭示各种生命现象的本质。本章将介绍分子生物学实验过程中基本仪器设备的使用方法及注意事项等，为相关实验操作奠定基础。

第一节 微量移液器

微量移液器的组成最早出现于1956年，由德国生理化学研究所的科学家Schnitger发明。1958年，德国Eppendorf公司开始生产按钮式微量移液器，成为世界上第一家生产微量移液器的公司。微量移液器的吸液范围一般为0.5~1 000 μL，可用于微量移液，是目前进行科学研究、临床检测与诊断必需的基本设备。

一、微量移液器的组成部件

微量移液器的组成部件包括推动按钮、推动杆、卸枪头（一次性吸头）按钮、刻度调节轮、体积刻度显示屏、吸液杆、卸枪头（一次性吸头）器、可拆卸的枪头（一次性吸头）等，如图4.1所示。

二、微量移液器的工作原理

微量移液器的工作原理包括两种：使用空气垫移液，又称活塞冲程；使用无空气垫的活塞进行正移动移液。

1. 空气垫移液器

该类移液器适用于固定或可调体积液体的加样。空气垫的作用是将吸于一次性吸头内的液体

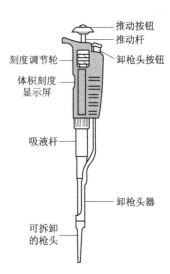

图4.1 微量移液器的组成部件

样本与加样器内的活塞分隔开来，空气垫通过加样器活塞的弹簧样运动而移动，进而带动吸头中的液体，死体积和一次性吸头中高度的增加决定了加样中空气垫的膨胀程度。因此，活塞移动的体积必须比所希望吸取的体积要大2%~4%。一次性吸头是加样系统的一个重要组成部分，其形状、材料特性及与加样器的吻合程度对加样的准确度有很大的影响。

2. 活塞正移动移液器

该类移液器以活塞正移动为吸力，与空气垫移液器所受物理因素的影响不同。因此，在空气垫移液器难以应用的情况下，活塞正移动加样器可以应用，如具有高蒸气压的、高黏稠度以及密度大于 2.0 g/cm^3 的液体；又如在临床聚合酶链反应（PCR）测定中，为防止气溶胶的产生，最好使用活塞正移动移液器。活塞正移动移液器的吸头与空气垫加样器吸头有所不同，其内含一个可与加样器的活塞耦合的活塞。这种吸头一般由生产活塞正移动移液器的厂家配套生产，不能使用通常的吸头或不同厂家的吸头。

三、微量移液器的分类

1. 按工作原理不同分类

按工作原理不同，微量移液器可分为空气垫式活塞移液器和外置式活塞移液器。

2. 按通道数不同分类

按通道数不同，微量移液器可分为单道移液器和多道移液器（8 道和 12 道）。单道移液器又可分为 0.2~2.5 μL 量程、0.5~10 μL 量程、10~100 μL 量程、20~200 μL 量程、100~1 000 μL 量程等。

3. 按操作方式不同分类

按操作方式不同，微量移液器可分为手动式移液器和自动式移液器。

四、微量移液器的使用方法

1. 容量设定

容量设定可通过容量调节轮的旋转来完成。正确的容量设定有两个步骤：一是粗调，即通过排放按钮将容量值迅速调整至接近需要的预想值；二是细调，当容量值接近需要的预想值以后，应将移液器横置，水平放至在观察者的眼前，通过调节轮慢慢地将容量值调至预想值，从而避免视觉误差所造成的影响。

在容量设定时，还有一个需要特别注意之处，即从大值调整到小值时，调整到预想值即可；但从小值调整到大值时，需要超 1/3 圈后再返回。这是因为计数器里面有一定的空隙，需要弥补。

2. 吸头安装

正确的安装方法是采用旋转安装法。首先，将一次性吸头按照尖端朝下的方式固定在吸头盒中；其次，将移液器的吸液杆顶端插向吸头，在轻轻用力下压的同时，将手中的移液器按逆时针方向旋转180°。切记用力不能过猛，更不能采取"剁吸头"的方法来进行安装，以免损伤移液器。

3. 预洗吸头

安装吸头或增大容量值以后，首先，应该把需要转移的液体吸取、排放2~3次，目的是使吸头内壁形成一道同质液膜，以确保移液工作的精度和准度，使整个移液过程具有相对较高的重现性。其次，在吸取有机溶剂或高挥发液体时，挥发性气体会在吸液杆室内形成负压，产生漏液的情况，这就需要预洗4~6次，使吸液杆室内的气体达到饱和，如此操作，负压就会自动消失。

4. 吸液

先将移液器推动按钮按至第一停点，再将吸头垂直浸入液面。浸入的深度为：10 μL 量程以下的取小于或等于 1 mm；10~100 μL 量程、20~200 μL 量程的取小于或等于 2 mm；100~1 000 μL 量程的取小于或等于 3 mm。吸满液体后，要平稳松开按钮，切记不能过快。

5. 放液

放液时，吸头紧贴容器壁，先将排放按钮按至第一停点，略作停顿后，再按至第二停点，这样做可以确保吸头内无残留液体。如果仍然有残留液体，则可能是吸头与吸液杆的连接处出现缝隙，或吸头本身异常，应考虑更换吸头。

6. 卸掉吸头

放液后，推动卸枪头按钮，将吸头卸掉。

7. 正确放置

移液器使用完毕后，调节至最大量程，可采用酒精棉擦拭移液器，并置于移液器架上。

五、微量移液器的使用注意事项

实验室基本上以使用连续可调的移液器为主，在使用时应注意以下几点：

（1）取液之前，所取液体应在室温（15~25 ℃）中平衡。

（2）操作时要慢和稳。吸取液体时一定要缓慢、平稳地松开拇指，绝不允许突然松开，以防将溶液吸入过快冲入取液器内腐蚀柱塞而造成漏气。

（3）连续可调式移液器在取样、加样过程中，应注意移液吸头不能触及其他物品，以免被污染；移液吸头盒（架子）、废液瓶、所取试剂及加样的样品管应摆放合理，以方便操作过程、避免污染为原则。

（4）连续可调式移液器在使用完毕后应置于加样器架上，远离潮湿及腐蚀性物质。

（5）吸头浸入液体的深度要合适，整个吸液过程要尽量保持不变。

（6）改吸不同液体、样品或试剂前要换新吸头。

（7）发现吸头内有残液时，必须更换。

（8）新吸头使用前应先预测。

（9）为防止液体进入移液器套筒内，必须注意以下几点：

① 在压放按钮时保持平稳；
② 移液器不得倒转；
③ 吸头中有液体时不可将移液器平放。

（10）勿用油脂等润滑活塞或密封圈。

（11）不可把容量计数调超其适用范围。

（12）液体温度与室温有异时，将吸头预洗多次再用。

（13）移液温度不得超过 70 ℃。

（14）移液器严禁吸取有强挥发性、强腐蚀性的液体（如浓酸、浓碱、有机物等）。使用了酸或有腐蚀蒸气的溶液后，最好拆下套筒，用蒸馏水清洗活塞及密封圈。

（15）严禁使用移液器吹打、混匀液体。

（16）连续可调式移液器在使用完毕后应置于移液器架上，远离潮湿及腐蚀性物质。

六、微量移液器常见的错误操作

（1）吸液时，移液器倾斜，导致移液不准确。
（2）装配吸头时，用力过猛，导致吸头难以脱卸。
（3）平放带有残余液体吸头的移液器。
（4）用大量程的移液器移取小体积样品。
（5）直接按到第二挡吸液。
（6）使用丙酮或强腐蚀性的液体清洗移液器。

第二节　PCR 仪

PCR（Polymerase Chain Reaction），即聚合酶链式反应，就是利用 DNA 聚合酶对特定基因做体外或试管内的大量合成。其实它是一种 DNA 的快速扩增技术，可在短期内将一段基因复制为原来的一百亿至一千亿倍。这一技术使分子生物学研究获得了突破。它不仅是 DNA 分析最常用的技术，还在 DNA 重组与表达、基因结构分析和功能检测中具有重要的应用价值。

一、PCR 仪的外观组成

以 TaKaRa 公司生产的型号为 TP600 梯度 PCR 仪为例，其外观组成包括机盖手柄、机盖、样品室、显示屏、按键区、控制面板、活动拉杆、开关，如图 4.2 所示。

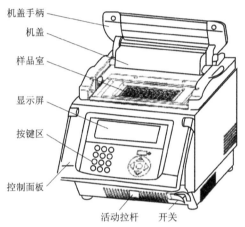

图 4.2　PCR 仪的外观组成

二、PCR 仪的使用原理

PCR 可以被认为是与发生在细胞内的 DNA 复制过程相似的技术，其结果都是以原来的 DNA 为模板产生新的互补 DNA 片段。细胞中 DNA 的复制是一个非常复杂的过程，且参与复制的有多种因素。PCR 是在试管中进行的 DNA 复制反应，基本原理与细胞中 DNA 的复制相似，但反应体系相对较简单。

PCR 由变性—退火—延伸三个基本反应步骤构成。

1. 模板 DNA 的变性

模板 DNA 经加热至 94 ℃左右一定时间后，可使模板 DNA 双链或经 PCR 扩增形成的双链 DNA 解离，使之成为单链，以便与引物结合，为下轮反应做准备。

2. 模板 DNA 与引物的退火（复性）

模板 DNA 经加热变性成单链后，温度降至 55 ℃左右，引物与模板 DNA 单链的互补序列配对结合。

3. 引物的延伸

DNA 模板—引物结合物在 Taq 酶的作用下，以 dNTP 为反应原料、靶序列为模板，按碱基配对与半保留复制原理，合成一条新的与模板 DNA 链互补的半保留复制链。

重复循环变性—退火—延伸三个基本反应过程，就可获得更多的"半保留复制链"，而且这种新链又可成为下次循环的模板。每完成一个循环需 2~4 min，那么2~3 h 就能将待扩目的基因扩增放大几百万倍。

三、PCR 仪的分类

1. 普通 PCR 仪

一次 PCR 扩增只能运行一个特定退火温度的 PCR 仪，叫作传统 PCR 仪，也叫普通 PCR 仪。如果要做不同的退火温度，需要多次运行。普通 PCR 仪主要是做简单的，对目的基因进行退火温度的扩增。该仪器主要适用于科研研究、教学、医学临床、检验检疫等机构。

2. 梯度 PCR 仪

一次 PCR 扩增可以设置一系列不同的退火温度条件（温度梯度），通常有 12 种温度梯度，这样的仪器叫作梯度 PCR 仪。因为被扩增的不同 DNA 片段，其最适退火温度是不同的，通过设置一系列的梯度退火温度进行扩增，进行一次 PCR 扩增，就可以筛选出表达量高的最适退火温度，主要用于研究未知 DNA 退火温度的扩增，这样在节约成本的同时也节约了时间。该仪器主要用于科研、教学机构。梯度 PCR 仪，在不设置梯度的情况下也可以做普通 PCR 扩增。具有双槽梯度的不多，上海领成 PCR 仪具备此功能。

3. 原位 PCR 仪

原位 PCR 仪是指用于从细胞内靶 DNA 定位分析的细胞内基因扩增仪，如病源基因在细胞的位置或目的基因在细胞内的作用位置等。它可以保持细胞或组织的完整性，使 PCR 反应体系渗透组织和细胞，在细胞的靶 DNA 所在的位置上进行基因扩增，不仅可以检测到靶 DNA，还能标出靶序列在细胞内的位置，对在分子和细胞水平上研究疾病的发病机理和临床过程及病理的转变有重大的实用价值。

4. 实时荧光定量 PCR 仪

在普通 PCR 仪的基础上增加一个荧光信号采集系统和计算机分析处理系统，就成了荧光定量 PCR 仪。其扩增原理和普通 PCR 仪的扩增原理相同，只是 PCR 扩增时加入的引物是利用同位素、荧光素等进行标记的，且在使用引物和荧光探针的同时与模板特异性结合扩增，扩增的结果可通过荧光信号采集系统实时将采集信号连接输送到计算机分析处理系统得出量化的实时结果输出,把这种 PCR 仪叫作实时荧光定量 PCR 仪(qPCR 仪)。实时荧光定量 PCR 仪有单通道、双通道和多通道之分。当只用一种荧光探针标记时,选用单通道;当有多种荧光探针标记时,选用多通道。单通道也可以检测多荧光标记的目的基因的表达产物,因为一次只能检测一种目的基因的扩增量,需多次扩增才能检测完不同目的基因的片段量。该仪器主要用于医学临床检测、生物医药研发、食品行业和科研院校等机构。

四、PCR 仪的使用方法

1. 开机

连接电源线后,打开机器后部的主开关(在机器的左下角)。开机后,机器进行自检"Self Test"。自检结束后出现用户主界面,显示加热模块"Block"格式以及温度"Temp"和热盖温度"Lid",并在屏幕左上角显示"Ready"。

2. 程序设置

1)建立新程序

按"File"→"New"→"Program",进入一个编辑窗口,输入程序名称后按"Enter"键确认,之后进入程序编辑器;在"Header"中设置热盖的参数,输入温度和压力,温度默认值为 96 ℃,一般设置为 99 ℃,如变性温度较低时默认值也可以满足使用要求;压力默认值为 90 N。

按"Step"设置 PCR 循环,在"Temp"中输入温度后按"Enter"键;在"Time"中输入时间后按"Enter"键,依次编辑步骤。输入"Goto"要返回的步骤序号,形成 PCR 循环,输入循环数。

2)编辑模板程序

按"File"→"Edit"→"Program",进入编辑窗口后按"Edit"键开始修改程序。修改完毕,在按"Save"键保存后,关闭该窗口返回主界面。

3. 运行程序

程序设置好后,按"Run"+"Start"键,打开一个子窗口选择要运行的程序(最后一次修改的程序将自动被选中),确认选择的程序后按"Start now"键,开始运行程序。

4. 暂停与终止

如果要暂停或终止正在运行的程序,按"Run"+"Pause"键或"Run"+"Stop now"键;暂停后要继续原来的程序按"Run"+"Continue"键。

5. 关机

程序运行结束后,界面返回主菜单;关闭仪器后部的主开关。

五、PCR 仪的保养及使用注意事项

PCR 仪不是一种计量仪器，其主要作用原理与基本计量要素密切相关，对机器质量要求较高，一旦失控，仪器将不能正常工作。所以 PCR 仪也需要定期检测和维护，这对依赖自然风降温的 PCR 仪尤为重要。下面介绍 PCR 仪的保养维护方法。

1. PCR 仪的保养

1）样品池的清洗

先打开盖子，然后用 95% 乙醇或 10% 清洗液浸泡样品池 5 min；然后清洗被污染的孔；接着用微量移液器吸取液体，用棉签吸干剩余液体；再打开 PCR 仪，设定保持温度为 50 ℃ 的 PCR 程序并使之运行，让残余液体挥发去除。一般为 5~10 min 即可。

2）热盖的清洗

对于荧光定量 PCR 仪，当有荧光污染出现，且这一污染并非来自样品池时，或当有污染或残迹物影响热盖的松紧时，需要用压缩空气或纯水清洗垫盖住底面，以确保样品池的孔干净、无污物或挡光路。

3）仪器外表面的清洗

清洗仪器的外表面可以除去灰尘和油脂，但达不到消毒的效果。可选择没有腐蚀性的清洗剂对 PCR 仪的外表面进行清洗。

4）更换保险丝

先将 PCR 仪关机，拔去插头；打开电源插口旁边的保险盒；换上备用的保险丝，观察是否恢复正常。

2. PCR 仪的使用注意事项

在仪器维护保养中，需要注意以下问题：

(1) 注意仪使用的环境条件和电源。

(2) 机盖开关要轻，以防损坏盖锁；严禁工作时打开机盖。

(3) PCR 仪需要定期检测。视制冷方式而定，一般每半年至少检测一次。

(4) PCR 反应的要求温度与实际分布的反应温度是不一致的。当检测发现各孔平均温度差偏离设置温度大于 1~2 ℃ 时，可以运用温度修正法纠正 PCR 仪的实际反应温度差。

(5) PCR 反应过程的关键是升、降温过程的时间控制，要求越短越好。当 PCR 仪的降温过程超过 60 s，就应该检查仪器的制冷系统。对风冷制冷的 PCR 仪要较彻底地清理反应底座的灰尘；对其他制冷系统应检查相关的制冷部件。

(6) 一般情况下，如能采用温度修正法纠正仪器的温度，不要轻易打开或调整仪器的电子控制部件；必要时要请专业人员修理或利用仪器电子线路详细图纸进行维修。

第三节 凝胶成像仪

凝胶成像仪用于对 DNA、RNA 琼脂糖凝胶电泳结果和蛋白质 SDS-PAGE 电泳结果进行分析，包括分子量计算、密度扫描和密度定量等，是分子生物学实验中重要的基础实验设备。

一、凝胶成像仪的外观组成

以 Bio-Rad 公司生产的型号为 Quantity One 凝胶成像仪为例，其外观组成包括镜头及滤光片、透射紫外平台、控制面板等重要区域，如图 4.3（a）所示。其中控制面板含有电源指示灯、"透射紫外"按钮、"侧面白光"按钮、"锁定"按钮、拍照指示灯、制备型紫外灯、"透射白光"按钮等部件，如图 4.3（b）所示。

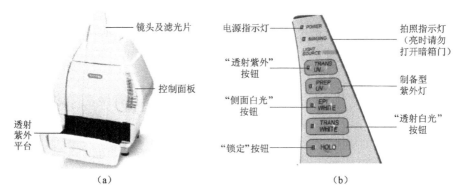

图 4.3 凝胶成像仪的外观组成和控制面板
（a）外观组成；（b）控制面板

二、凝胶成像仪的工作原理

凝胶成像仪的工作原理是利用数码相机或高分辨率 CCD 摄影将摄取的图像直接输入计算机系统；在暗箱中的光源灯照射下，通过调节变焦光圈、变焦倍数及焦距使药品清晰及大小合适；图像获得后，通过软件中的图像处理菜单进行高级调整和图像优化，以降低图像本底噪声。一般经过这样处理后即能得到清晰的凝胶图片。

凝胶成像系统可以对样品进行定量和定性分析。

1. 定量分析

凝胶成像分析系统定量分析的原理是光源发出的光照射样品，不同的样品对光源吸收的量有差异；光密度与样品浓度或者质量呈线性关系，将未知样品的光密度与已知浓度的样品条带的光密度进行比较，可以得到未知样品的浓度或者质量，并在此基础上做定量分析。

2. 定性分析

凝胶成像分析系统定性分析的原理是：由于样品在电泳凝胶或者其他载体上的迁移率不一样，用肉眼将未知样品在图谱中的位置与标准品在图谱中的位置进行比较，可以确定未知样品的成分和性质（如大概分子量、大概属于哪种物质），从而做到定性分析。

三、凝胶成像仪的使用方法

（1）打开电源，此时电源指示灯亮即为工作状态。

（2）双击计算机桌面上的图标，打开"Quantity One"软件，或从开始—程序—The Series/Quantity One 进入。

（3）从"File"下拉菜单中选择"ChemiDox XRS"命令，打开"图像采集"界面。

（4）从"Select Application "下拉列表中选择相关的应用：

① UV Transillumination（透射 UV）：针对 DNA EB 胶或其他荧光；

② White Transillumination（透射白光）：针对透光样品如蛋白凝胶, X-光片；

③ White Epillumination（侧面白光）：针对不透光样品或蛋白凝胶；

④ Chemiluminescnece（化学发光）：不打开任何光源。

（5）单击"Live/Focus"按钮，激活实时调节功能，此功能有三个上下键按钮：IRIS（光圈），ZOOM（缩放），FOCUS（聚焦），可在软件上直接调节或在仪器面板上手工调节，调节步骤为：

① 调节 IRIS 至适合大小；

② 点击 ZOOM 将胶适当放大；

③ 调节 FOCUS 至图像最清晰状态。

（6）如是 DNA EB 胶或其他荧光，单击"Auto Expose"按钮，系统将自动选择曝光时间成像，若不满意，单击"Manual Expose"按钮，并输入曝光时间（s），图像满意后再保存。

如是蛋白凝胶，接第（5）步直接将清晰的图像保存即可。

如是化学发光样品,将滤光片位置换到"Chemi"位(仪器上方右侧),将光圈开到最大,输入"Manual Expose"时间,可对化学发光的弱信号进行长时间累积如 30 min,或单击"Live Acquire"进行多帧图像实时采集,在对话框内定义曝光时间长短,采集几帧图像,在采集的多帧图像中选取满意的保存。

四、凝胶成像仪的应用范围

总体来说,凝胶成像(系统)可对蛋白质、核酸、多肽、氨基酸、多聚氨基酸等生物分子的分离纯化结果做定性分析。

1. 分子量定量

对于一般常用的 DNA 胶片,利用分子量定量功能,可通过对凝胶上 DNA Marker 条带的已知分子量注释,自动生成拟合曲线,并以它衡量得到未知条带的分子量。通过这种方法所得到的结果较肉眼观察估计要准确很多。

2. 密度定量

一般常用的测定 DNA(脱氧核糖核酸)和 RNA(核糖核酸)浓度的方法是紫外吸收法,但它只能测定样品中的总核苷酸浓度,不能区分各个长度片段的浓度。利用凝胶成像系统和软件,先将 DNA 胶片上某一已知其 DNA 含量的标准条带进行密度标定以后,可以方便地单击其他未知条带,与已知条带的密度做比较,进而得到未知 DNA 的含量。此方法也适用于对 PAGE 蛋白胶条带的浓度测定。

3. 密度扫描

在分子生物学和生物工程研究中,最常用到的是对蛋白表达产物占整个菌体蛋白的百分含量的计算。传统的方法就是利用专用的密度扫描,但利用生物分析软件结合现在实验室常规配备的扫描仪或者直接用白光照射的凝胶成像能更好地完成此项工作。

4. PCR 定量

PCR 定量主要是指如果 PCR 实验扩增出来的条带不是一条,那么可以利用软件计算出各个条带占总体条带的相对百分数。就此功能而言,与密度扫描类似,但实际在原理上并不相同。PCR 定量可对选定的几条带进行相对密度定量并计算其占总和的百分数;密度扫描时可对选择区域生成纵向扫描曲线图并积分。

五、凝胶成像仪的使用注意事项

(1) 不要带被 EB 污染的手套触摸计算机鼠标、键盘、仓门和电源开关等，防止污染。

（2）请勿将潮湿样品长期放在暗箱内，以防腐蚀滤光片；更不要将液体溅到暗箱底板上，以免烧坏主板。

（3）注意开机顺序，应先开凝胶成像仪，再开软件。

（4）使用过程中，禁止打开紫外透射平台的舱门，以免紫外泄漏。

（5）成像结束后，及时将凝胶取出，擦拭干净，然后关闭软件。

（6）每天晚上请关闭系统电源，并关闭计算机。

第四节　恒温水浴锅

恒温水浴锅（Thermostat Water Bath）被广泛用于干燥、浓缩、蒸馏、浸渍化学试剂，浸渍药品和生物制剂，也可用于水浴恒温加热和其他温度实验，是生物、遗传、病毒、水产、环保、医药、卫生、生化实验室、分析室进行科学实验的必备工具。

一、恒温水浴锅的组成

恒温水浴锅如图 4.4 所示，其箱外壳是用冷轧钢板制成的，表面烘漆，内胆采用不锈钢制成，中层用聚氨酯隔热，并装有恒温控制器和电热管。

图 4.4　恒温水浴锅

恒温水浴锅的主要零部件包括

（1）恒温控制器。以因钢和黄铜管为感热元件，安装于箱内室的隔板下。如直接浸在水里传热快，灵敏度高。

（2）电热管由 U 形钢管、烧结氧化镁和电热丝制成，直接浸在水里热能损耗少。

二、恒温水浴锅的工作原理

恒温水浴锅内水平放置不锈钢管状加热器，水槽的内部放有带孔的铝制搁板。上盖上配有不同口径的组合套圈，可适应不同口径的烧瓶。水浴锅左侧有放水管，右侧是电气箱。电气箱前面板上装有温度控制仪表、电源开关，电气箱内有电热管和传感器。该温度控制系统采用优质电子元件，控温灵敏，性能可靠，使用方便。恒温水浴箱的工作原理：Cu50传感器将水槽内水的温度转换为电阻值，经过集成放大器的放大、比较后，输出控制信号，有效地控制电加热管的平均加热功率，使水槽内的水保持恒温。当被加热的物体要求受热均匀，温度不超过100 ℃时，可以用水浴加热。水浴锅通常用铜或铝制成，有多个重叠的圆圈，适用于放置不同规格的器皿。

三、恒温水浴锅的操作方法

（1）电子恒温水浴锅应放在固定平台上，先将排水口的胶管夹紧，再将清水注入水浴锅箱体内（为缩短升温时间，亦可注入热水）。

（2）接通电源，显示"OFF"的红色指示灯亮。旋转"温度"调节旋钮至设定的温度（顺时针升温，逆时针降温），水开始被加热，指示灯"ON"亮。当温度上升到设定温度时，指示灯"OFF"亮，水保持恒温。

（3）水保持恒温后，将装有待恒温物品的容器放于水浴中。

（4）为了保证恒温的效果，可在恒温容器与箱体接触的部位用硬纸板封严；恒温容器中的恒温物品应低于水浴锅的恒温水浴面。

（5）使用完毕后，取出恒温物，关闭电源，排除箱体内的水，并做好仪器使用记录。

四、恒温水浴锅的维修保养

（1）使用时必须先加适量的洁净自来水加于锅内，也可按需要的温度加入热水，以缩短加热时间。

（2）接通电源，选择温度。

配备电子式恒温器时，将"温度"调节旋钮顺时针调节到所需要的温度，此时为加热状态，绿色指示灯亮。当加热到所需温度时，红色指示灯亮，此时为恒温状态。

配备数显表头时，计数器最大位为十位数，按操作符号为增数，再按操作符号为减数。红、绿灯随锅体内温度的变化而转换。同样，绿灯表示加热器在工作，红灯为恒温。

使用该仪器须经过加热、恒温两次以上才能达到正确的温度精度（必须全部封盖、封圈后才能达到）。

（3）工作完毕，将"温度"调节旋钮、增减器置于最小值，切断电源。

（4）如果要使锅内水温达100 ℃，用作沸水蒸馏用时，可将"温度"调节旋钮调至终点。

（5）加水不可太多，以免沸腾时水量溢出锅外。

（6）锅内水量不可低于1/2，不可使加热管露出水面，以免烧坏造成漏水、漏电。

（7）该产品使用时必须将三眼插座有效地接地线。

第五节　分子杂交仪

分子杂交仪（又称分子杂交箱、分子杂交炉）被广泛地用于克隆基因的筛选，酶切图谱的制作，基因组中特定基因序列的定性、定量检测以及疾病的诊断等方面。不仅在分子生物学领域具有广泛的应用，在临床诊断上的应用也日趋增多。

一、分子杂交仪的结构

功能齐全的分子杂交仪由箱体、杂交瓶转架或离心管转架、杂交管、摇床、计算机控制系统等部件组成，如图4.5所示。可用于Southern、Northern、Western等分子杂交，还可用于原位杂交。不同型号的箱体所能容纳的管子数、微孔板数、载玻片数和平板数也不相同。

分子杂交箱配件：

培养摇床配件SS3321
摇杆托盘：
330 mm×210 mm
数量：1套

培养箱配件IS3722
托盘：370 mm×220 mm
数量：2块

四种杂交管可选
T30×45　300 mm×φ45 mm；T15×45　150 mm×φ45 mm
T30×30　300 mm×φ300 mm；T15×30　150 mm×φ300 mm
独特设计的杂交管支架
外围可夹10支φ45 mm×300 mm杂交管，
φ30 mm×150 mm杂交管
中圈可夹4支φ30 mm×300 mm杂交管或
8支15 mL离心管

图4.5　分子杂交仪的结构

二、分子杂交仪的工作原理

分子杂交仪的基本原理就是应用核酸分子的变性和复性的性质，使来源不同的DNA（或RNA）片段，按碱基互补关系形成杂交双链分子（Heteroduplex）。杂交双链可以在 DNA 与 DNA 链之间、也可在 RNA 与 DNA 链之间形成。

核酸分子杂交是基因诊断的最基本的方法之一。它的基本原理是：互补的 DNA 单链能够在一定条件下结合成双链，即能够进行杂交。这种结合是特异的，严格按照碱基互补的原则进行，不仅能在 DNA 和 DNA 之间进行，也能在 DNA 和 RNA 之间进行。因此，当用一段已知基因的核酸序列做出探针，与变性后的单链基因组 DNA 接触时，如果两者的碱基完全配对，它们将互补地结合成双链，从而表明被测基因组 DNA 中含有已知的基因序列。由此可见，进行基因检测有两个必要条件：一个是必需的、特异的 DNA 探针；另一个是必需的基因组 DNA。当两者都变性呈单链状态时，则能进行分子杂交。

三、分子杂交仪的操作方法

1. 操作前的准备工作
(1) 检查供电电源电压是否符合设备所需的电压。
(2) 检查仪器的接地设备是否连接。
(3) 详细了解实验所需的各项内容。
(4) 检查防护设备。

2. 操作步骤
(1) 接通电源，打开电源开关。
(2) 仪器液晶自动显示。当第四屏（即全彩 LED 显示屏）出现时，输入期望的数值、温度（℃）、时间（时，分）、转速（r/min）。在光标闪烁处按"5"，可使数字从"0"开始递增；按"▲"键可使数字递减；按"◀"或"▶"键可移动光标所在的位置，或者切换到下一行。
(3) 输入参数后，按"START"键，程序开始运行。
注意：使用者设置的数值不能超出仪器范围，否则会出现如下情况：
① 当设置温度高于最高温度时，运作过程中液晶显示屏显示的设置温度一直是最高温度；当设置温度低于一定环境温度时，仪器不再控温。
② 使用者设置转速高于最大转速或低于最低转速时，在运作过程中，显示屏数值显示温度不变。
③ 顺时针转动把手180°可将门关闭。此时把手应处于与桌面垂直的位置。

(4)仪器运行过程中如需打开箱门,但不需要改变参数时,按"PAUSE"键暂停;当关上箱门后,按"ROTATE"键可继续工作。

注意:当仪器需要重新设置参数时,需要按"STOP"键,当出现闪烁光标后即可进行设置;设置完毕返回工作状态按"START"键。

在仪器运行过程中,由于误操作或在严重电磁干扰情况下出现"死机"时,需要关掉电源开关,重新启动仪器即可消除。

3. 按键介绍

面板按键用于输入温度、时间及转速等相关参数。

"START"——开始键,参数输入完毕按此键仪器进入运行状态。

STOP——停止键,工作结束时提示蜂鸣音响起。按此键停止运行;也可用来重新输入参数。

PAUSE——暂停键,在运行过程中,按此键可暂停转动打开箱门。

ROTATE——转动键,用来结束暂停状态,恢复到运行状态。

液晶显示屏——打开电源开关,液晶显示屏在正常情况下会有所显示。当显示屏出现提示设置参数时即可进行参数的设定。

四、分子杂交仪的使用注意事项

(1)此仪器多为做分子杂交时使用,由于接触同位素的时间比较长,使用时请小心谨慎。

(2)如果显示屏显示异常,按一下"复位"按钮,仪器便可正常工作。

(3)由专业人员使用,其他人员最好不要动。仪器的工作参数在出厂时已调好,请不要随便改动,否则仪器将无法正常工作。

第五章 大型生物仪器设备分析技术

第一节 高效液相色谱仪

高效液相色谱法（High Performance Liquid Chromatography，HPLC）又称"高压液相色谱法""高速液相色谱法""高分离度液相色谱法""近代柱色谱法"等。高效液相色谱法是色谱法的一个重要分支，以液体为流动相，采用高压输液系统，将具有不同极性的单一溶剂或不同比例的混合溶剂、缓冲液等流动相泵入装有固定相的色谱柱，在柱内各成分被分离后，进入检测器进行检测，从而实现对试样的分析。该方法已成为化学、医学、工业、农学、商检和法检等学科领域中重要的分离分析技术。

一、高效液相色谱仪的工作原理

按分离机制的不同，高效液相色谱法，可分为液—固吸附色谱法、液—液分配色谱法（正相与反相）、离子交换色谱法、离子对色谱法及分子排阻色谱法。

1. 液—固吸附色谱法

液—固吸附色谱法使用固体吸附剂作为固定相的一种高压液相色谱法。按被分离组分的分子与流动相分子争夺吸附剂表面活性中心的吸附能力的差别而分离。分离过程是一个吸附—解吸附的平衡过程。常用的吸附剂为硅胶或氧化铝，粒度为 $5\sim10~\mu m$。适用于分离分子量为 $200\sim1\ 000$ 的组分。大多数用于非离子型化合物；离子型化合物易产生拖尾。常用于分离同分异构体。

2. 液—液分配色谱法

液—液分配色谱法使用将特定的液态物质涂于担体表面，或化学键合于担体表面而形成的固定相。其分离原理是根据被分离的组分在流动相和固定相中溶解度不同而分离。分离过程是一个分配平衡的过程。

涂布式固定相应具有良好的惰性；流动相必须预先用固定相饱和，以减少固定相从担体表面流失；温度的变化和不同批号流动相的区别常引起柱子的变化。另外，在流动相中存在的固定相也使样品的分离和收集复杂化。由于涂布式固定相很难避免固定液流失，现在已很少采用。现在多采用的是化学键合固定相，如 C18、C8、氨基柱、氰基柱和苯基柱。

液—液分配色谱法按固定相和流动相的极性不同可分为正相色谱法（NPC）和反相色谱法（RPC）。

1）正相色谱法

采用极性固定相（如聚乙二醇、氨基与腈基键合相）；流动相为相对非极性的疏水性溶剂（烷烃类如正己烷、环己烷），常加入乙醇、异丙醇、四氢呋喃、三氯甲烷等，以调节组分的保留时间；常用于分离中等极性和极性较强的化合物（如酚类、胺类、羰基类及氨基酸类等）。

2）反相色谱法

一般用非极性固定相（如 C18，C8）；流动相为水或缓冲液，常加入甲醇、乙腈、异丙醇、丙酮、四氢呋喃等与水互溶的有机溶剂以调节保留时间；适用于分离非极性和极性较弱的化合物。RPC 在现代液相色谱法中应用最为广泛。据统计，它占整个 HPLC 应用的 80% 左右。

随着柱填料的快速发展，反相色谱法的应用范围逐渐扩大，现已应用于某些无机样品或易解离样品的分析。为控制样品在分析过程的解离，常用缓冲液控制流动相的 pH 值。但需要注意的是，C18 和 C8 使用的 pH 值通常为 2~8。太高的 pH 值会使硅胶溶解。太低的 pH 值会使键合的烷基脱落。有报道称新商品柱的操作范围在 pH1.5~10 操作，pH 范围更广泛。

当极性为中等时正相色谱法与反相色谱法没有明显的界线（如氨基键合固定相），如表 5.1 所示。

表 5.1 正相色谱法与反相色谱法比较表

比较项目	正相色谱法	反相色谱法
固定相极性	高—中	中—低
流动相极性	低—中	中—高
组分洗脱次序	极性小先洗出	极性大先洗出

3. 离子交换色谱法

离子交换色谱法固定相是离子交换树脂，常用苯乙烯与二乙烯交联形成的聚合物骨架，在表面末端芳环上接上羧基、磺酸基（称阳离子交换树脂）或季氨基（阴离子交换树脂）。被分离组分在色谱柱上的分离原理是树脂上可电离离子与流动相中具有相同电荷的离子及被测组分的离子进行可逆交换，根据各离子与离子交换基团具有不同的电荷吸引力而分离。

缓冲液常用作离子交换色谱的流动相，被分离组分在离子交换柱中的保留时间除跟组分离子与树脂上的离子交换基团作用强弱有关外，还受流动相的 pH 值和离子强度影响。pH 值可改变化合物的解离程度，进而影响其与固定相的作用。流动相的盐浓度大，则离子强度高，不利于样品的解离，从而导致样品较快流出。

离子交换色谱法主要用于分析有机酸、氨基酸、多肽及核酸。

4. 离子对色谱法

离子对色谱法又称偶离子色谱法，是液-液分配色谱法的分支。被测组分离子与离子对试剂离子形成中性的离子对化合物后，在非极性固定相中溶解度增大，从而使其分离效果改善。它主要用于分析离子强度大的酸碱物质。

分析碱性物质常用的离子对试剂为烷基磺酸盐，如戊烷磺酸钠、辛烷磺酸钠等。另外高氯酸、三氟乙酸也可与多种碱性样品形成很强的离子对。分析酸性物质常用四丁基季铵盐，如四丁基溴化铵、四丁基铵磷酸盐。

离子对色谱法常用 ODS 柱（C18），流动相为甲醇-水或乙腈-水，水中加入 3~10 mmol/L 的离子对试剂，在一定的 pH 值范围内进行分离。被测组分保留时间与离子对性质、浓度、流动相组成及其 pH 值、离子强度有关。

5. 分子排阻色谱法

排阻色谱法固定相是有一定孔径的多孔性填料，流动相是可以溶解样品的溶剂；小分子量的化合物可以进入孔中，滞留时间长；大分子量的化合物不能进入孔中，直接随流动相流出。是它利用分子筛对分子量大小不同的各组分排阻能力的差异而完成分离的。常用于分离高分子化合物，如组织提取物、多肽、蛋白质、核酸等。

二、色谱法的分类

按两相的物理状态可分为气相色谱法（GC）和液相色谱法（LC）。气相色谱法适用于分离挥发性化合物。气相色谱法根据固定相不同又可分为气-固色谱法（GSC）和气-液色谱法（GLC），其中以气-液色谱法应用最广。液相色谱法适用于分离低挥发性或无挥发性、热稳定性差的物质。液相色谱法同样可分为液-固色谱法（LSC）和液-液色谱法（LLC）。此外还有超临界流体色谱法（SFC），它以超临界流体（界于气体和液体之间的一种物相）为流动相（常用 CO_2），因其扩散系数大，能很快达到平衡，故分析时间短，特别适用于手性化合物的拆分。

按原理不同，色谱法可分为吸附色谱法（AC）、分配色谱法（DC）、离子交换色谱法（IEC）、排阻色谱法（EC）。排阻色谱法又称分子筛、凝胶过滤（GFC）、凝胶渗透色谱法（GPC）和亲和色谱法。(此外还有电泳。)

按操作形式不同，色谱法可分为纸色谱法（PC）、薄层色谱法（TLC）和柱色谱法。

三、高效液相色谱系统

高效液相色谱系统一般由输液泵、进样器、色谱柱、检测器、数据处理计算机控制系统和恒温装置等组成，如图 5.1 所示。其中输液泵、色谱柱、检测器是关键部件。有的仪器还有梯度洗脱装置、在线脱气机、自动进样器、预柱或保护柱、柱温控制器等。现代 HPLC 仪还有微机控制系统，可进行自动化仪器控制和数据处理。制备型 HPLC 仪还备有自动馏分收集装置。

图 5.1　高效液相色谱系统

最早的液相色谱仪由粗糙的高压泵、低效的柱、固定波长的检测器、绘图仪组成，绘出的峰是通过手工测量计算峰面积。后来的高压泵精度很高并可编程进行梯度洗脱，柱填料从单一品种发展至几百种类型，检测器从单波长发展至可变波长检测器、可得三维色谱图的二极管阵列检测器、可确证物质结构的质谱检测器。数据处理不再用绘图仪，取而代之的是最简单的积分仪、计算机、工作站及网络处理系统。

目前常见的 HPLC 仪生产厂家国外有 Waters 公司、Agilent 公司（原 HP 公司）和岛津公司等，国内有大连依利特公司、上海分析仪器厂和北京分析仪器厂等。

1. 输液泵

1) 输液泵的构造和性能

输液泵是 HPLC 系统中最重要的部件之一，其结构示意图如图 5.2 和图 5.3 所示。泵的性能好坏直接影响整个系统的质量和分析结果的可靠性。输液泵应具备如下性能：

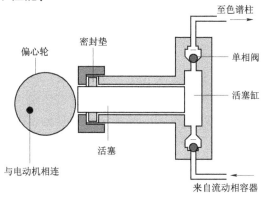

图 5.2　单活塞往复泵的结构

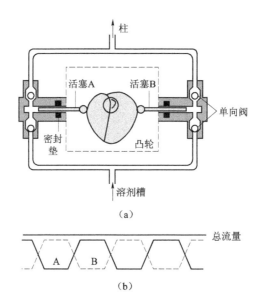

图 5.3 双活塞往复泵的结构及排液特性
(a) 结构；(b) 排液特性

(1) 流量稳定，其标准偏差（RSD）应<0.5%，这对定性定量的准确性至关重要。

(2) 流量范围宽，分析型应在 0.1~10 mL/min 内连续可调；制备型应能达到 100 mL/min。

(3) 输出压力高，一般应能达到 150~300 kg/cm^2。

(4) 液缸容积小。

(5) 密封性能好，耐腐蚀。

泵的种类很多，按输液性质不同可分为恒压泵和恒流泵。恒流泵按结构不同又可分为螺旋注射泵、柱塞往复泵和隔膜往复泵。恒压泵受柱阻影响，流量不稳定；螺旋注射泵缸体太大。这两种泵已被淘汰。目前应用最多的是柱塞往复泵。

柱塞往复泵的液缸容积小，可至 0.1 mL，因此易于清洗和更换流动相，特别适于再循环和梯度洗脱；改变电动机转速能方便地调节流量，且流量不受柱阻影响；泵压可达 400 kg/cm^2。其主要缺点是输出的脉冲性较大，现多采用双泵系统来克服。双泵按连接方式可分为并联式和串联式，一般来说，并联泵的流量重现性较好（RSD（相对标准偏差）为 0.1% 左右，串联泵为 0.2%~0.3%），但出故障的机会较多（因多一单向阀），价格也较贵。常见品牌输液泵的基本参数如表 5.2 所示。

表 5.2 常见品牌输液泵的基本参数

项目	Waters 515 型	HP 1100 型	LC-10 ATvp 型	Elite P200 II 型	检定要求
流速范围	0.001~10	0.001~10	0.001~9.999	0.01~4.99	
调节精度	0.001	0.001	0.001	0.01	
流量精密度	RSD 0.1%	0.15%（<0.3%）	0.3%	0.5%	1.5%
流量准确度			±2.0%	±5.0%	±2.0%
最高压力	4 000 psi①	40 MPa	39.2 MPa	40.0 MPa	

2) 泵的使用和维护注意事项

为了延长泵的使用寿命和维持其输液的稳定性，必须按照下列注意事项进行操作。

（1）防止任何固体微粒进入泵体。因为尘埃或其他任何杂质微粒都会磨损柱塞、密封环、缸体和单向阀，因此应预先除去流动相中的任何固体微粒。流动相最好在玻璃容器内蒸馏，而常用的方法是滤过，可采用 Millipore 滤膜（0.2 μm 或 0.45 μm）等滤器。泵的入口都应连接砂滤棒（或片）；输液泵的滤器应经常清洗或更换。

（2）流动相不应含有任何腐蚀性的物质。含有缓冲液的流动相不应保留在泵内，尤其是在停泵过夜或更长时间的情况下，如果将含缓冲液的流动相留在泵内，由于蒸发或泄漏，或者只是由于溶液的静置，就可能析出盐的微细晶体，而这些晶体将和上述固体微粒一样损坏密封环和柱塞等。因此，必须泵入纯水将泵充分清洗后，再换成适合于色谱柱保存和有利于泵维护的溶剂（对于反相键合硅胶固定相，可以是甲醇或甲醇—水）。

（3）泵工作时要防止溶剂瓶内的流动相被用完，否则空泵运转也会磨损柱塞、缸体或密封环，最终产生漏液。

（4）输液泵的工作压力决不要超过规定的最高压力，否则会使高压密封环变形，产生漏液。

（5）流动相应该先脱气，以免在泵内产生气泡，影响流量的稳定性。如果有大量气泡，泵就无法正常工作。

如果输液泵产生故障，须查明原因，采取相应措施排除故障。

① 没有流动相流出，又无压力指示。原因可能是泵内有大量气体，这时可打开泄压阀，使泵在较大流量（如 5 mL/min）下运转，将气泡排尽；也可用一个 50 mL 针筒在泵出口处帮助抽出气体。另一个可能的原因是密封环磨

---

① 1 psi = 6.895 kPa。

损，需更换。

② 压力和流量不稳。原因可能是有气泡，需要排除；或者是单向阀内有异物，可卸下单向阀，浸入丙酮内进行超声清洗。有时可能是砂滤棒内有气泡，或被盐的微细晶粒或滋生的微生物部分堵塞，这时，可卸下砂滤棒浸入流动相内超声除气泡；或将砂滤棒浸入稀酸（如 4 mol/L 硝酸）内迅速除去微生物；或将盐溶解，再立即清洗。

③ 压力过高的原因是管路被堵塞，需要清除和清洗。压力降低的原因则可能是管路有泄漏，检查堵塞或泄漏时应逐段进行。

3）梯度洗脱

HPLC 有等度和梯度洗脱两种方式。等度洗脱是在同一分析周期内流动相组成保持恒定，适合于组分数目较少、性质差别不大的样品。梯度洗脱是在一个分析周期内程序控制流动相的组成，如溶剂的极性、离子强度和 pH 值等，用于分析组分数目多、性质差异较大的复杂样品。采用梯度洗脱可以缩短分析时间，提高分离度，改善峰形，提高检测灵敏度，但是常引起基线漂移和降低重现性。

梯度洗脱有两种实现方式：低压梯度（外梯度）和高压梯度（内梯度）。

两种溶剂组成的梯度洗脱可按任意程度混合，即有多种洗脱曲线：线性梯度、凹形梯度、凸形梯度和阶梯形梯度。其中，线性梯度最常用，尤其适合于在反相柱上进行梯度洗脱。

在进行梯度洗脱时，由于多种溶剂混合，而且组成不断变化，因此带来一些特殊问题，必须充分重视。

（1）要注意溶剂的互溶性，不相混溶的溶剂不能用作梯度洗脱的流动相。有些溶剂在一定比例内混溶，超出范围后就不互溶，使用时更要引起注意。当有机溶剂和缓冲液混合时，还可能析出盐的晶体，尤其在使用磷酸盐时需特别小心。

（2）梯度洗脱所用的溶剂对纯度要求更高，以保证良好的重现性。进行样品分析前必须进行空白梯度洗脱，以辨认溶剂杂质峰，因为弱溶剂中的杂质富集在色谱柱头后会被强溶剂洗脱下来。用于梯度洗脱的溶剂需彻底脱气，以防止混合时产生气泡。

（3）混合溶剂的黏度常随组成而变化，因而在梯度洗脱时常出现压力的变化。例如，甲醇和水黏度都较小，当二者以相近比例混合时，黏度增大很多，此时的柱压大约是甲醇或水为流动相时的两倍。因此，要注意防止梯度洗脱过程中压力超过输液泵或色谱柱能承受的最大压力。

（4）每次梯度洗脱之后，必须对色谱柱进行再生处理，使其恢复到初始状态。需让 10~30 倍柱容积的初始流动相流经色谱柱，使固定相与初始流动相达到完全平衡。

2. 进样器

早期使用隔膜和停流进样器，均装在色谱柱入口处。现在大都使用六通进样阀（见图 5.4）或自动进样器。进样装置要求：密封性好，死体积小，重复性好，能保证中心进样；进样时对色谱系统的压力、流量影响小。HPLC 进样方式可分为隔膜进样、停流进样、阀进样、自动进样。

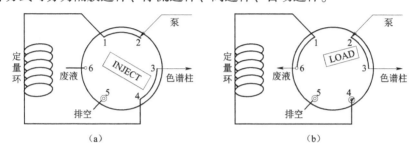

图 5.4　六通进样阀的原理
（a）进样位置；（b）取样位置

1）隔膜进样

用微量注射器将样品注入专门设计的与色谱柱相连的进样头内，可把样品直接送到柱头填充床的中心，死体积几乎等于零，可以获得最佳的柱效，且价格便宜，操作方便，但不能在高压下使用（如 10 MPa 以上）。此外，隔膜容易吸附样品，产生记忆效应，使进样重复性只能达到 1%~2%；加之能耐各种溶剂的橡皮不易找到，使常规分析的使用受到限制。

2）停流进样

停流进样可避免在高压下进样。在 HPLC 中由于隔膜的污染，停泵或重新启动时往往会出现"鬼峰"或是保留时间不准，但在以峰的始末信号控制馏分收集的制备色谱中，效果较好。

3）阀进样

一般 HPLC 分析常用六通进样阀（以美国 Rheodyne 公司的 7725 和 7725i 型最常见），其关键部件由圆形密封垫（转子）和固定底座（定子）组成。由于阀接头和连接管死体积的存在，柱效率低于隔膜进样（下降 5%~10%），但耐高压（35~40 MPa），进样量准确，重复性好（0.5%），操作方便。

（1）六通进样阀的进样方式有部分装液法和完全装液法两种。

① 用部分装液法进样时，进样量应不大于定量环体积的 50%（最多为 75%），并要求每次进样的体积准确、相同。此法进样的准确度和重复性取决于注射器取样的熟练程度，而且易产生由进样引起的峰展宽。

② 用完全装液法进样时，进样量应不小于定量环体积的 5~10 倍（最少 3 倍），这样才能完全置换定量环内的流动相，消除管壁效应，确保进样的准确度及重复性。

（2）六通阀使用和维护注意事项如下：

① 样品溶液进样前必须用 0.45 μm 滤膜过滤，以减少微粒对进样阀的磨损。

② 转动阀芯时不能太慢，更不能停留在中间位置，否则流动相受阻，会使泵内压力剧增，甚至超过泵的最大压力；再转到进样位时，过高的压力将会损坏柱头。

③ 为防止缓冲盐和样品残留在进样阀中，每次分析结束后应冲洗进样阀。通常可用水冲洗，或先用能溶解样品的溶剂冲洗，再用水冲洗。

4）自动进样

自动进样用于大量样品的常规分析。

3. 色谱柱

色谱是一种分离分析手段，分离是核心，因此担负分离作用的色谱柱是色谱系统的"心脏"。对色谱柱的要求是柱效高、选择性好、分析速度快等。市售的用于 HPLC 的各种微粒填料，如多孔硅胶以及以硅胶为基质的键合相、氧化铝、有机聚合物微球（包括离子交换树脂）、多孔碳等，其粒度一般为 3 μm、5 μm、7 μm、10 μm 等，柱效理论值可达 5 万~16 万/m。对于一般的分析只需 5 000 塔板数的柱效；对于同系物分析，只要 500 柱效即可；对于较难分离的物质对则可采用高达 2 万的柱效，因此一般 10~30 cm 的柱长就能满足复杂混合物分析的需要。

柱效受柱内外因素的影响。为使色谱柱达到最佳效率，除柱外死体积要小外，还要有合理的柱结构（尽可能减少填充床以外的死体积）及填充技术。即使最好的填充技术，在柱中心部位和沿管壁部位的填充情况总是不一样的。靠近管壁的部位比较疏松，易产生沟流，且流速较快，影响了冲洗剂的流形，使谱带加宽，这就是管壁效应。这种管壁区大约是从管壁向内算起 30 倍粒径的厚度。在一般的液相色谱系统中，柱外效应对柱效的影响远远大于管壁效应。

1）色谱柱的构造

色谱柱由柱管、压帽、卡套（密封环）、筛板（滤片）、接头、螺丝等部件组成。柱管多用不锈钢制成，压力不高于 70 kg/cm^2 时，也可采用厚壁玻璃或石英管，管内壁要求有很高的光洁度。为提高柱效，减小管壁效应，不锈钢柱内壁多经过抛光处理。也有人在不锈钢柱内壁涂敷氟塑料以提高内壁的光洁度，其效果与抛光相同。还有使用熔融硅或玻璃衬里的，主要用于细管柱。色谱柱两端的柱接头内装有筛板，是烧结不锈钢或钛合金，其孔径为 0.2~

20 μm（常用的为 5~10 μm）。孔径的取值范围主要取决于填料粒度，目的是防止填料漏出。

按用途不同，色谱柱可分为分析型和制备型两类。用途不同，尺寸规格也不同：

（1）常规分析柱（常量柱），内径为 2~5 mm（常用的有 4.6 mm，国内有 4 mm 和 5 mm 两种），柱长为 10~30 cm。

（2）窄径柱（Narrow Bore，又称细管径柱、半微柱 Semi-Microcolumn），内径为 1~2 mm，柱长为 10~20 cm。

（3）毛细管柱（又称微柱 Microcolumn），内径为 0.2~0.5 mm。

（4）半制备柱，内径>5 mm。

（5）实验室制备柱，内径为 20~40 mm，柱长为 10~30 cm。

（6）生产制备柱的内径可达几十厘米。柱内径一般是根据柱长、填料粒径和折合流速来确定，目的是避免管壁效应。

2）色谱柱的发展方向

因强调分析速度进而发展出短柱，柱长为 3~10 cm，填料粒径为 2~3 μm；为提高分析灵敏度，与质谱（MS）连接，进而发展出窄径柱、毛细管柱和内径小于 0.2 mm 的微径柱（Microbore）。

细管径柱的优点是：节省流动相、增加灵敏度、减少样品量、能使用长柱达到高分离度、容易控制柱温、易于实现 LC-MS 联用。

但由于柱体积越来越小，柱外效应的影响就更加显著，需要更小池体积的检测器（甚至采用柱上检测）、更小死体积的柱接头和连接部件。配套使用的设备应具备如下性能：输液泵能精密输出 1~100 μL/min 的低流量；进样阀能准确、重复地进样微小体积的样品。且因上样量小，要求高灵敏度的检测器。电化学检测器和质谱仪在这方面具有突出的优点。

3）色谱柱的填充和性能评价

色谱柱（见图 5.5）的性能除了与固定相性能有关外，还与填充技术有关。在正常条件下，填料粒度≥20 μm 时，干法填充较为合适；填料粒度<20 μm 时，湿法填充较为理想。填充方法一般有如下 4 种：

（1）高压匀浆法，多用于分析柱和小规模制备柱的填充。

（2）径向加压法，Waters 的专利。

（3）轴向加压法，主要用于填充大直径柱。

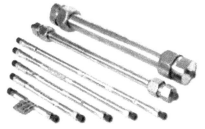

图 5.5　色谱柱

(4) 干法。

色谱柱填充的技术性很强，大多数实验室使用已填充好的商品柱。

必须指出，高效液相色谱柱的获得，装填技术是重要环节，但根本问题在于填料本身性能的优劣，以及配套的色谱仪系统的结构是否合理。

无论是自己填充的还是购买的色谱柱，使用前都要对其性能进行考查；使用期间或放置一段时间后也要重新检查。色谱柱的性能指标包括在一定实验条件（样品、流动相、流速、温度）下的柱压、理论塔板高度和塔板数、对称因子、容量因子和选择性因子的重复性或分离度。一般来说，容量因子和选择性因子的重复性在±5%或±10%以内。进行柱效比较时，还要注意柱外效应是否有变化。

一份合格的色谱柱评价报告应给出色谱柱的基本参数，如柱长、内径，填料的种类、粒度，色谱柱的柱效、不对称度和柱压降等。

4. 检测器

检测器是 HPLC 仪的三大关键部件之一。其作用是把洗脱液中组分的量转变为电信号。HPLC 的检测器要求灵敏度高，噪声低（对温度、流量等外界变化不敏感），线性范围宽，重复性好和适用范围广。

1）检测器的分类

(1) 按原理不同，检测器可分为光学检测器（如紫外检测器、荧光检测器、示差折光检测器、蒸发光散射检测器）、热学检测器（如吸附热检测器）、电化学检测器（如极谱检测器、库仑检测器、安培检测器）、电学检测器（如电导检测器、介电常数检测器、压电石英频率检测器）、放射性检测器（如闪烁计数检测器、电子捕获检测器、氦离子化检测器）以及氢火焰离子化检测器。

(2) 按测量性质不同，检测器可分为通用型检测器和专属型检测器（又称选择性检测器）。通用型检测器测量的是一般物质均具有的性质，对溶剂和溶质组分均有反应，如示差折光检测器、蒸发光散射检测器。通用型检测器的灵敏度一般比专属型检测器的低。专属型检测器只能检测某些组分的某一性质，如紫外检测器、荧光检测器，它们只对有紫外吸收或荧光发射的组分有响应。

(3) 按检测方式不同，检测器可分为浓度型检测器和质量型检测器。浓度型检测器的响应与流动相中组分的浓度有关，质量型检测器的响应与单位时间内通过检测器的组分的量有关。

(4) 按检测完样品是否遭到破坏，检测器可分为破坏样品检测器和不破坏样品检测器两种。

2）检测器的性能指标

(1) 噪声和漂移：在仪器稳定之后，记录基线 1 h，基线带宽为噪声，基线在 1 h 内的变化为漂移。它们反映检测器电子元件的稳定性及其受温度和电源变化的影响。如果有流动相从色谱柱流入检测器，那么它们还反映流速（泵的脉动）和溶剂（纯度、含有气泡、固定相流失）的影响。噪声和漂移都会影响测定的准确度，应尽量减小。

（2）灵敏度（Sensitivity）：表示一定量的样品物质通过检测器时所给出的信号大小。对浓度型检测器，它表示单位浓度的样品所产生的电信号的大小，单位为 mV·mL/g。对质量型检测器，它表示在单位时间内通过检测器单位质量的样品所产生的电信号的大小，单位为 mV·s/g。

（3）检测限（Detection Limit）：检测器灵敏度的高低，并不等于它检测最小样品量或最低样品浓度能力的高低。因为在定义灵敏度时，没有考虑噪声的大小，而检测限与噪声的大小有关系。

检测限是指恰好产生可辨别的信号（通常用 2 倍或 3 倍噪声表示）时进入检测器的某组分的量（浓度型检测器是指在流动相中的浓度——注意与分析方法检测限的区别，单位为 g/mL 或 mg/mL；质量型检测器指的是单位时间内进入检测器的量，单位为 g/s 或 mg/s），又称为敏感度（Detectability）。公式为 $D=2N/S$。其中，N 为噪声，S 为灵敏度。通常是把一个已知量的标准溶液注入检测器中来测定其检测限的大小。

检测限是检测器的一个主要性能指标，其数值越小，检测器性能越好。值得注意的是，分析方法的检测限除了与检测器的噪声和灵敏度有关外，还与色谱条件、色谱柱和泵的稳定性及各种柱外因素引起的峰展宽有关。

（4）线性范围（Linear Range）：线性范围是指检测器的响应信号与组分量成直线关系的范围，即在固定灵敏度下，最大与最小进样量（浓度型检测器为组分在流动相中的浓度）之比，也可用响应信号的最大与最小的范围表示。例如，Waters 996 PDA 检测器的线性范围为 -0.1~2.0 A。

定量分析的准确与否，关键在于检测器所产生的信号是否与被测样品的量始终呈一定的函数关系。输出信号与样品量最好呈线性关系，这样进行定量测定时既准确又方便。但实际上没有一台检测器能在任何范围内呈线性响应。通常 $A=BC_x$，B 为响应因子。当 $x=1$ 时，为线性响应。对大多数检测器来说，x 只在一定范围内才接近 1，实际上通常只要 $x=0.98~1.02$，就认为它是呈线性的。

线性范围一般可通过实验确定。检测器的线性范围应尽可能大些，如此可以同时测定主成分和痕量成分。此外，还要求池体积小，受温度和流速的影响小，能适合梯度洗脱检测等。几种检测器的主要性能比较如表 5.3 所示。

表 5.3　几种检测器的主要性能比较

性能＼检测器	紫外	荧光	安培	质谱	蒸发光散射
信号	吸光度	荧光强度	电流强度	离子流强度	散射光强度
噪声	10^{-5}	10^{-3}	10^{-9} A		
线性范围	10^5	10^4	10^5	宽	
选择性	是	是	是	否	否
流速影响	无	无	有	无	
温度影响	小	小	大		小
检测限	10^{-10} g/mL	10^{-13} g/mL	10^{-13} g/mL	$<10^{-9}$ g/s	10^{-9}
池体积/μL	2~10	~7	<1	—	—
梯度洗脱	适宜	适宜	不宜	适宜	适宜
细管径柱	难	难	适宜	适宜	适宜
样品破坏	无	无	无	有	无

（5）池体积：除制备色谱外，大多数 HPLC 检测器的池体积都小于 10 μL。在使用细管径柱时，池体积应减少到 1~2 μL，甚至更低。不然检测系统带来的峰扩张问题就会很严重。这时池体、检测器与色谱柱的连接、接头等都要精心设计，否则会严重影响柱效和灵敏度。

3）紫外检测器

紫外（Ultraviolet Detector，UV）检测器是 HPLC 中应用最广泛的检测器，当检测波长范围包括可见光时，又称为紫外—可见光检测器。它的灵敏度高，噪声低，线性范围宽，对流速和温度均不敏感，可用于制备色谱。由于灵敏高，因此即使是那些光吸收小、消光系数低的物质也可用 UV 检测器进行微量分析。但要注意流动相中各种溶剂的紫外吸收截止波长。如果溶剂中含有吸光杂质，则会提高背景噪声，降低灵敏度（实际是提高检测限）。此外，梯度洗脱时，还会产生漂移。

注：将溶剂装入 1 cm 的比色皿，以空气为参比，逐渐降低入射波长，溶剂的吸光度 $A=1$ 时的波长称为溶剂的截止波长，也称极限波长。

中国药典对 UV 法溶剂的要求是：以空气为空白，溶剂和吸收池的吸收度在 220~240 nm 内不得超过 0.40，在 241~250 nm 内不得超过 0.20，在 251~300 nm 内不得超过 0.10，在 300 nm 以上不得超过 0.05。

UV 检测器的工作原理遵循 Lambert-Beer 定律，即当一束单色光透过流动池时，若流动相不吸收光，则吸收度 A 与吸光组分的浓度 C 和流动池的光径长度 L 成正比，即

$$A = \lg \frac{I_0}{I} - \lg T = ECL \tag{5.1}$$

式中　I_0——入射光强度；

　　　I——透射光强度；

　　　T——透光率；

　　　E——吸收系数。

UV 检测器分为固定波长检测器、可变波长检测器和光电二极管阵列检测器（Photodiode Array Detector，PDAD）三种。按光路系统来分，UV 检测器可分为单光路和双光路两种。可变波长检测器又可分为单波长（单通道）检测器和双波长（双通道）检测器两种。PDAD 是 20 世纪 80 年代出现的一种光学多通道检测器，它可以对每个洗脱组分进行光谱扫描，经计算机处理后，得到吸收光谱和色谱结合的三维图谱。其中，吸收光谱用于定性（确证是否是单一纯物质），色谱用于定量。PDAD 常用于复杂样品（如生物样品、中草药）的定性、定量分析。

5. 数据处理和计算机控制系统

早期的 HPLC 仪器是用记录仪记录检测信号，再通过手工测量计算。其后，使用积分仪计算并打印出峰高、峰面积和保留时间等参数。20 世纪 80 年代后，计算机技术的广泛应用使 HPLC 操作更加快速、简便、准确、精密和自动化，现在已可在互联网上远程处理数据。HPLC 色谱图如图 5.6 所示。计算机的用途包括三个方面：(1) 采集、处理和分析数据；(2) 控制仪器；(3) 色谱系统优化和专家系统。

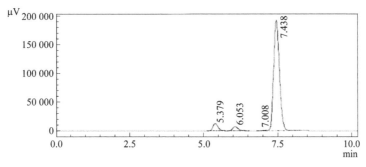

图 5.6　HPLC 色谱图

6. 恒温装置

在 HPLC 仪中，色谱柱及某些检测器都要求能准确地控制工作环境温度，色谱柱的恒温精度要求在 ± (0.1~0.5)℃，检测器的恒温精度要求则更高。

温度对溶剂的溶解能力、色谱柱的性能、流动相的黏度都有影响。一般来说，温度升高，可提高溶质在流动相中的溶解度，从而降低其分配系数 K，但对分离选择性影响不大；还可使流动相的黏度降低，从而改善传质过程并降低柱压。但温度太高易使流动相产生气泡。

色谱柱的不同工作温度对保留时间、相对保留时间都有影响。在凝胶色谱中使用软填料时，温度会引起填料结构的变化，对分离有影响；但如使用硬质填料则影响不大。

总的来说，在液固吸附色谱法和化学键合相色谱法中，温度对分离的影响并不显著，通常实验在室温下进行操作。在液固色谱中有时将极性物质（如缓冲剂）加入流动相中以调节其分配系数，这时温度对保留值的影响很大。

不同的检测器对温度的敏感度不一样。紫外检测器一般在温度波动超过±0.5 ℃时，就会造成基线漂移起伏。示差折光检测器的灵敏度和最小检出量常取决于温度控制精度，因此需将温度波动控制在±0.001 ℃，微吸附热检测器也要求温度波动在±0.001 ℃以内。

四、注意事项

（1）流动相必须用 HPLC 级的试剂。使用前应过滤其中的颗粒性杂质和其他物质（使用 0.45 μm 或更细的膜过滤）。

（2）流动相过滤后要用超声波脱气，脱气后应该恢复到室温后使用。

（3）不能用纯乙腈作为流动相，这样会使单向阀黏住而导致泵不进液。

（4）使用缓冲溶液时，做完样品后应立即用去离子水冲洗管路及柱子 1 h，然后用甲醇（或甲醇水溶液）冲洗 40 min 以上，以充分洗去离子。对于柱塞杆外部，做完样品后也必须用去离子水冲洗 20 min 以上。

（5）长时间不用仪器，应该将柱子取下用堵头封好保存。注意不能用纯水保存柱子，而应该用有机相（如甲醇等）。因为纯水易长霉。

（6）每次做完样品后应该用溶解样品的溶剂清洗进样器。

（7）C18 柱绝对不能进蛋白样品、血样、生物样品。

（8）堵塞导致压力太大，按预柱→混合器中的过滤器→管路过滤器→单向阀顺序检查并清洗。清洗方法如下：

① 以异丙醇作溶剂冲洗。

② 放在异丙醇中间用超声波清洗。

③ 用 10% 稀硝酸清洗。

（9）气泡会致使压力不稳，重现性差。所以在使用过程中要尽量避免产生气泡。

（10）进液管不进液体时，要使用注射器吸液。通常在输液前要进行流动相的清洗。

（11）要注意柱子的 pH 值范围，不得注射强酸、强碱的样品，特别是碱性样品。

（12）更换流动相时应该先将吸滤头部分放入烧杯中边振动边清洗，然后插入新的流动相中。更换无互溶性的流动相时要用异丙醇过渡一下。

五、常见故障和解决方法

1. 保留时间变化

（1）柱恒温：必要时需配置恒温箱。

（2）等度与梯度间未能充分平衡：至少用 10 倍柱体积的流动相平衡柱。

（3）缓冲液容量不够用：用 25 mmol/L 的缓冲液。

（4）柱污染：每天冲洗柱。

（5）柱内条件变化：稳定进样条件，调节流动相。

（6）柱将达到寿命：采用保护柱。

2. 保留时间缩短

（1）流速增加：检查泵，重新设定流速。

（2）样品超载：降低样品量。

（3）键合相流失：使流动相 pH 值保持在 3~7.5，检查柱的方向。

（4）流动相组成变化：防止流动相蒸发或沉淀。

（5）温度增加：柱恒温。

3. 保留时间延长

（1）流速下降：管路泄漏，更换泵密封圈，排除泵内气泡。

（2）硅胶柱上活性点变化：用流动相改性剂，如加三乙胺；或采用碱质钝化柱。

（3）键合相流失：同 2（3）。

（4）流动相组成变化：同 2（4）。

（5）温度降低：同 2（5）。

4. 出现肩峰或分叉

（1）样品体积过大：用流动相配样，总的样品体积要小于第一峰的 15%。

（2）样品溶剂过强：采用较弱的样品溶剂。

（3）柱塌陷或形成短路通道：更换色谱柱，采用较弱腐蚀性条件。

（4）柱内烧结不锈钢失效：更换烧结不锈钢，加线过滤器，过滤样品。

（5）进样器损坏：更换进样器转子。

5. 鬼峰

（1）进样阀残余峰：每次用后要用强溶剂清洗阀、改进阀和对样品进行清洗。

（2）样品中有未知物：处理样品。

（3）柱未平衡：重新平衡柱，用流动相做样品溶剂（尤其是离子对色谱）。

（4）三氟乙酸（TFA）氧化（肽谱）：每天新配，用抗氧化剂。

（5）水污染（反相）：通过变化平衡时间检查水质量，用 HPLC 级的水。

6. 基线噪声

（1）有气泡（尖锐峰）：流动相脱气，加柱后背压。

（2）污染（随机噪声）：清洗柱，净化样品，用 HPLC 级试剂。

（3）检测器灯有连续噪声：更换氘灯。

（4）电干扰（偶然噪声）：稳压电源，检查干扰的来源（如水浴等）。

（5）检测器中有气泡：流动相脱气，加柱后背压。

7. 峰拖尾

（1）柱超载：降低样品量，增加柱直径，采用较高容量的固定相。

（2）峰干扰：清洁样品，调整流动相。

（3）硅羟基作用：加三乙胺，用碱质钝化柱，增加缓冲液或盐的浓度，降低流动相 pH 值，钝化样品。

（4）死体积或柱外体积过大：连接点降至最低，对所有连接点做合适的调整，尽可能采用细内径的连接管。

（5）柱效下降：用较低腐蚀条件，更换柱，采用保护柱。

8. 峰展宽

（1）进样体积过大：同 4（1）。

（2）在进样阀中造成峰扩展：进样前后排出气泡，以降低扩散。

（3）数据系统采样速率太慢：设定速率，应是每峰大于 10 点。

（4）检测器时间常数过大：设定时间常数为目标第一峰半宽的 10%。

（5）流动相黏度过高：增加柱温，采用低黏度流动相。

（6）检测池体积过大：用小体积池，卸下热交换器。

（7）保留时间过长：等度洗脱时增加溶剂含量，也可用梯度洗脱。

（8）柱外体积过大：将连接管径和连接管长度降至最小。

（9）样品过载：进小浓度、小体积样品。

第二节　气相色谱仪

气相色谱（Gas Chromatography，GC）是 20 世纪 50 年代出现的一项重大科学技术成就。这是一种新的分离、分析技术，它在工业、农业、国防、建设、科学研究中都得到了广泛的应用。气相色谱可分为气固色谱和气液色谱。

GC 是以惰性气体作为流动相，利用试样中各组分在色谱柱中的气相和固定相间的分配系数不同,当汽化后的试样被载气带入色谱柱中运行时,组分就在其中的两相间进行反复多次（$10^3 \sim 10^6$）的分配（吸附—脱附—放出）。由于固定相对各种组分的吸附能力不同（保存作用不同），因此各组分在色谱柱中的运行速度也不同,经过一定的柱长后,便彼此分离,顺序离开色谱柱进入检测器,产生的离子流信号经放大后,在记录器上描绘出各组分的色谱峰。

试样中各组分经色谱柱分离后,按先后次序经过检测器时,检测器就将流动相中各组分浓度变化转变为相应的电信号,由记录仪所记录下的信号—时间曲线或信号—流动相体积曲线,称为色谱流出曲线。

一、气相色谱仪的工作原理

气相色谱仪主要是利用物质的沸点、极性及吸附性质的差异来实现混合物的分离,图 5.7 所示为气相色谱分析流程图。

待分析样品在汽化室汽化后被惰性气体（载气,也叫流动相）带入色谱柱,柱内含有液体或固体固定相,由于样品中各组分的沸点、极性或吸附性能不同,每种组分都倾向于在流动相和固定相之间形成分配或吸附平衡。但由于载气是流动的,这种平衡实际上很难建立起来。也正

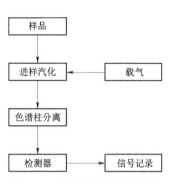

图 5.7　气相色谱分析流程图

是由于载气的流动,使样品组分在运动中进行反复多次的分配或吸附/解吸附,结果是在载气中浓度大的组分先流出色谱柱,而在固定相中分配浓度大的组分后流出。当组分流出色谱柱后,立即进入检测器。检测器能够将样品组分的检测信号转变为电信号,而电信号的大小与被测组分的量或浓度成正比。当将这些信号放大并记录下来时,就是气相色谱图了。

二、气相色谱仪的结构特点

气相色谱仪的结构简单、性能稳定、灵敏度适宜,对大多数物质都有响应,尤其适应于常规分析、气体分析。池体为不锈钢块,热敏元件一般为铼钨丝组成,温度系数为正。由于热导检测器属于浓度型检测器,所以检测器的灵敏度与池体的几何结构、池体温度、稳定性、热丝的稳定性能、所用载气的热传导率,以及气体流量的稳定性、纯度、流速等因素有关。检测器响应与桥流使用密切相关。桥流大,灵敏度高,但是噪声随之增大,寿命也会缩短。

气相色谱仪由五大系统组成,即气路系统和进样系统、分离系统、温控系统和检测记录系统。目前有很多种检测器,如氢火焰离子化检测器（FID）、热导检测器（TCD）、氮磷检测器（NPD）、火焰光度检测器（FPD）、电子捕

获检测器（ECD）等类型。现以常用的 TCD 检测器为例进行介绍。

1. 载气种类

TCD 检测器通常使用氢气或者氦气作为载气，载气装在载气瓶内，如图 5.8 所示。因为它们的热导系数远远大于其他化合物，故灵敏度高，且易于定量，线性范围宽。从理论上讲，用氦气较合理，但它的价格昂贵，因此在我国一般都选用氢气作载气。质检中心目前除美国热电的两台 GC2000 气相色谱仪 TCD 检测器用氩气作载气外，其余色谱所有 TCD 检测器均采用氢气作载气。用氢气作载气要防止泄漏和爆炸，有条件的话应该将尾气排到室外。

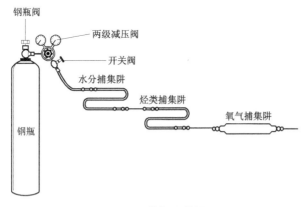

图 5.8 载气瓶装置

2. 载气纯度

载气纯度会影响灵敏度。实验证明：电桥电流在 120~200 mA 内，用 99.999%的超纯氢气，比用 99%的普氢灵敏度高 6%~13%，同时，基线漂移和噪声也大大降低。载气纯度对峰形也有影响，用 TCD 作高纯气中杂质的检测时，载气纯度应比被测气体高十倍以上，否则易出现倒峰。

3. 载气流速

TCD 为浓度型检测器，对流速波动很敏感，TCD 的峰面积响应值反比于载气流速。因此，在检测过程中，载气流速必须保持恒定。在柱分离许可的情况下，以低一些为妥。流速波动可能导致基线噪声和漂移增大。在加桥流之前，首先应该测定流量，让柱流量和参比流量相等。对于福立的色谱，用 H_2 作载气，大致流量可参照色谱仪上贴的"稳流阀调节圈数与载气流量对照表"调节，然后用皂膜流量计测定具体的参比流量和柱流量；对 SP 3240，可以在色谱仪正面面板上改变柱压力，然后用皂膜流量计在检测器两出口，测定具体需要的参比流量和柱流量；对 GC 2000，先在仪器程序中选择所用的载气种类，然后设定柱前压，检测器两出口一个是参比气出口，一个是载气+尾吹气的出口，可根据具体测定需要改变载气压力、参比气及尾吹气的流量，最终使两出口气体流量相等。

4. 电桥电流

电桥电流可以显著提高 TCD 的灵敏度。一般认为 S 值与电流的 3 次方成正比。但是电流的提高又受噪声和使用寿命的限制。桥流设定与 TCD 检测池的温度及使用载气的种类密切相关。

三、气相色谱仪的使用注意事项

（1）不能在没有载气通过的情况下打开仪器，这会影响柱子的使用寿命；更不能升温和加上电流，否则检测器的核心部件铼钨丝会在短时间内烧毁。载气一定要在开机之前开，在仪器温度稳定后开始做样前再给桥流，降温关机之前要先关桥流（福立的色谱仪将桥流设为"0"，北分的 SP3420 和热电的 GC2000 色谱仪将桥流设为"OFF"）。然后将柱温设为室温，待温度降下来后关机，最后关载气。

在每次开机前都检查一下热导排出口有没有气出来（福立及北分的色谱仪电源关掉后仍有压力，热电的 GC 2000 关机后气源自动切断）。没有的情况下千万不要开机和加电流，要仔细检查气源供气是否正常，气路系统有无漏气，阀门是否打开，压力显示是否正常。遇到不能解决的问题应立即上报，待一切正常后才能开机。进样时要时刻注意硅胶垫的松紧度。若很松了，应马上把桥电流关掉，换上新的硅胶垫。进样时特别容易；不进样时，记录仪上有规则小峰出现，说明密封垫漏气，应更换。每次认真检查所有色谱仪的各类气体压力显示，若发现与设定的值有差异，要仔细检查情况所在。若出现柱前压为"0"的情况，要马上关桥流，降柱温，关仪器；先换进样垫后看压力是否正常。若正常，则重新开机；若仍然不正常，则要立即上报。

（2）要定期老化柱子。目前所有测氧的柱子都是装填的 5A 分子筛。其作为吸附剂吸附容量有限，当吸附某种分子达到饱和时，就没有继续吸附的能力，需要将被吸附的物质驱掉，因此需要再生处理，一般用加热提高温度或者降低压力的方法处理。现在所使用的是升高柱温的方法对柱子进行老化，一般用 180~200 ℃柱温老化。要视具体情况而定。

热导检测池的温度要比柱温高，以免样品在热导池中凝固。开机时，最好先等检测池温度升到比要设定的柱温高后，再设柱温。因为柱温升降都较快。高沸点样品或固定液在检测器中冷凝，使噪声和漂移变大，以致无法正常工作。

（3）载气中若含氧，将使热丝长期受到氧化，有损其寿命。故通常载气应加净化装置，以除去氧气。

（4）当出现基线噪声或漂移较明显，进样出现未知峰或鬼峰等情况时，可能检测器被污染，可拆下检测器端的柱子，用丙酮、乙醚或乙醇注入检测器进行清洗。清洗后通载气加热除去溶剂。

四、气相色谱仪的操作方法

1. 开气

打开氮气、氢气、空气发生器的电源开关（或氮气钢瓶总阀），调整输出压力，稳定在 0.4 MPa 左右（气体发生器一般在出厂时已调整好，不用再调整）。

2. 打开电源

打开色谱仪气体净化器的氮气开关，转到"开"的位置。注意观察色谱仪载气 B 的柱前压上升并稳定大约 5 min 后，打开色谱仪的电源开关。

3. 设置各工作部温度

以检测环境中的空气质量（TVOC）为例，分析其条件的设置。

（1）柱箱：柱箱初始温度为 50 ℃，初始时间为 10 min，升温速率为 5 ℃/min，终止温度为 250 ℃，终止时间为 10 min。

（2）进样器和检测器：温度都为 250 ℃。

苯分析时的色谱条件：

（1）柱箱：柱箱初始温度为 100 ℃、初始时间为 0 min、升温速率为 0 ℃/min、终止温度为 0 ℃、终止时间为 0 min。

（2）进样器和检测器：温度都为 150 ℃。

4. 点火

待检测器（按"显示、换挡、检测器"按钮可查看检测器温度）温度升到 100 ℃ 以上后，打开净化器上的氢气、空气开关阀到"开"的位置。观察并将色谱仪上的氢气和空气压力表分别稳定在 0.1 MPa 和 0.15 MPa 左右。按住点火开关（每次点火时间不能超过 6~8 s）点火。同时用明亮的金属片靠近检测器出口，当火点着时，在金属片上会看到有明显的水汽。如果 6~8 s 内氢气没有被点燃，要松开点火开关，再重新点火。在点火操作的过程中，如果发现检测器出口内白色的聚四氟帽中有水凝结，可旋下检测器收集极帽，把水清理掉。在色谱工作站上判断氢火焰是否点燃的方法为：基线在氢火焰点着后的电压值应高于点火之前的电压值。

5. 调出方法

打开计算机及工作站 A，并打开一个方法文件：TVOC 分析方法或苯分析方法。显示屏左下方应有蓝字显示当前的电压值和时间。接着可以转动色谱仪放大器面板上的点火按钮上边的"粗调"旋钮，检查信号是否为通路（转动"粗调"旋钮时，基线应随着变化）。待基线稳定后进样品，同时单击"启动"按钮或按一下色谱仪旁边的快捷按钮进行色谱数据分析。分析结束时,单击"停止"按钮,数据即自动保存。

6. 关机程序

首先关闭氢气和空气气源,使氢火焰检测器灭火。在氢火焰熄灭后再将柱箱的初始温度、检测器温度及进样器温度设置为室温(20~30 ℃),待温度降至设置温度后,关闭色谱仪电源。最后关闭氮气。

7. 使用热解析吸附仪分析标准品

1) 用 TVOC 分析时

首先,把解析仪的温度设置为"300 ℃",并把六通进样阀的开关置于"反吹"位置,固定好热解析管接头;待热解析仪的温度稳定在 300 ℃后,用微量进样器抽取 1 mL 一定浓度的标准品,将进样针扎入热解析仪的进样口 B 内。然后,缓慢地将样品推入热解析管中,打开反吹气开关阀并同时计时,到 5 min 时关闭反吹开关阀。接着,把金属毛细管插入进样口 B 内,随后把解析管移到加热炉内加热,同时开始计时。加热 1 min 后,将热解析仪的六通进样阀转换到"进样"位置,马上按色谱面板上的"起始"键和工作站的"启动"键,进行样品分析。5 min 后,再把六通进样阀转换到"反吹"位置,将金属毛细管从进样口拔出,打开反吹气开关阀以活化热解析管。

2) 用苯分析时

首先把解析仪的温度设置为"300 ℃",把六通阀的开关置于"反吹"位置,固定好热解析管接头;待热解析仪的温度稳定在 320 ℃后,用气密进样针抽取一定量的标准浓度气体,将进样针扎入热解析仪的进样口 B 内。然后,缓慢地将样品推入热解析管中,打开反吹气开关阀并同时计时,到 5 min 时关闭反吹开关阀。接着把金属毛细管插入进样口 B 内,随后把解析管移到加热炉内加热,同时开始计时。加热 1 min 后,将热解析仪的六通进样阀转换到"进样"位置。接着马上按工作站的"启动"键,进行样品分析。5 min 后,再把六通进样阀转换到"反吹"位置,将金属毛细管从进样口拔出,打开反吹气开关阀以活化热解析管。

8. 样品分析

样品分析与"7. 使用热解析吸附仪分析标准品"的一样。

五、注意事项

1. 环境

分析室周围不得有强磁场,易燃及强腐蚀性气体。室内环境温度应在 5~35 ℃内,湿度应小于或等于 85%(相对湿度),且室内应保持空气流通。有条件的厂最好安装空调。准备好能承受整套仪器、宽高适中、便于操作的工作平台。一般工厂以水泥平台较佳(高 0.6~0.8 m),平台不能紧靠墙,应离墙 0.5~1.0 m，便于接线及检修用。供仪器使用的电源应尽可能不与大功率耗电量设备或经常大幅变化的用电设备共用一条线。电源必须接地良好，一般在潮湿地面（或食盐溶液灌注）钉入长 0.5~1.0 m 的铁棒（丝），然后将电源接地点与之相连。总之，要求接地电阻小于 1 Ω 即可（注：建议电源和外壳都接地，这样效果更好）。如使用电源稳压器，注意稳压器输出电压的波形不能畸变，否则会影响温度控制的稳定性。如果使用 ECD，应注意废气的排放。

2. 进样应注意的问题

注射器抽吸样品时不要有气泡（吸样时要慢，应快速排出再慢吸，反复几次）。10 μL 注射器金属针头部分的体积为 0.6 μL，有气泡也看不到，可多吸 1~2 μL 把注射器针尖朝上。当气泡上走到顶部时，再推动针杆排除气泡（这里是指 10 μL 注射器；带芯子的注射器凭感觉）。针扎入汽化器时，针要与汽化器的硅橡胶垫保持垂直，在针扎入的同时，握玻璃杆的手一边往下压，一边应轻轻捻动玻璃杆。进样时要三快一慢，即扎针时快、注射样品时快及拔针时快（三快），样品注射时稍作停留（小于 2 s，即一慢），针尖到汽化室中部开始注射样品，每次进样时保持相同的速度完成进样过程，这对样品分析的定性定量重复性至关重要。一般毛细柱的进样重复性比填充柱的进样重复性难得多。

第三节　毛细管电泳仪

毛细管电泳（Capillary Electrophoresis，CE）又称高效毛细管电泳（High Performance Capillary Electrophoresis，HPCE），是一类以毛细管为分离通道、以高压直流电场为驱动力的新型液相分离技术。毛细管电泳实际上包含电泳、色谱及其交叉内容，它使分析化学得以从微升水平进入纳升水平，并使单细胞分析，乃至单分子分析成为可能。双电层是指两相之间的分离表面由相对固定和游离的两部分离子组成的与表面异号的离子层，凡是浸没在液体中的界面都会产生双电层。在毛细管电泳中，无论是带电粒子的表面还是毛细管管壁的表面都有双电层。

一、毛细管电泳仪的工作原理

1. 毛细管电泳仪中的电渗和电渗流

电渗是电动现象之一。在电场中，由于多孔支持物吸附水中的正负离子，使溶液相对带电，在电场的作用下，溶液向一定的方向移动，此种情况称为电渗现象。如在纸上电泳时，由于离子吸附氢氧根离子而带负电荷，而与纸接触的水溶液则带正电荷，使溶液向负极运动。移动时可携带颗粒同时移动，所以电泳时，颗粒泳动的表现速度是颗粒本身的泳动速度与由于电渗而被携带的移动速度两者的总和。

当毛细管内充满缓冲溶液时，毛细管管壁上的硅羟基发生解离，生成氢离子并溶解在溶液中，这样使毛细管管壁带上负电荷，并与溶液形成双电层，若在毛细管的两端加上直流电场后，带正电的溶液就会整体向负极端移动，因此形成了电渗流，如图 5.9 所示。

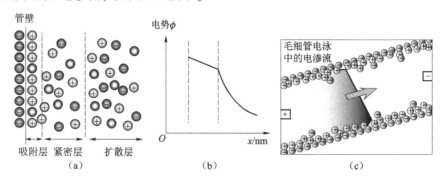

图 5.9　毛细管电泳中的电渗和电渗流
（a）毛细管中的电渗；（b）毛细管的电位与管壁距离的关系；（c）毛细管中的电渗流

当石英毛细管柱的内充液 pH>3 时，表面电离成 $-SiO^-$，管内壁带负电荷，形成双电层。在高电场的作用下，带正电荷的溶液表面及扩散层向阴极移动，由于这些阳离子实际上是溶剂化的，故将引起柱中的溶液整体向负极移动。电渗流的大小用电渗流速度 $v_{电渗流}$ 表示，取决于电渗淌度 μ 和电场强度 E，即

$$v_{电渗流} = \mu E \tag{5.2}$$

电渗淌度取决于电泳介质及双电层的 Zeta 电势，即

$$\mu = \varepsilon_0 \varepsilon \xi \tag{5.3}$$

式中　ε_0——真空介电常数；
　　　ε——介电常数；
　　　ξ——毛细管壁的 Zeta 电势。

则
$$v_{电渗流} = \varepsilon_0 \varepsilon \xi E \tag{5.4}$$

在进行实际电泳分析时，可在实验测定相应的参数后，按下式计算，即

$$v_{电渗流} = \frac{L_{ef}}{t_{eo}} \tag{5.5}$$

式中　L_{ef}——毛细管有效长度；
　　　t_{eo}——电渗流标记物（中性物质）的迁移时间。

毛细管电泳在操作缓冲溶液中，带电粒子的运动速度等于电泳速度和电渗速度的矢量和；电渗速度一般大于电泳速度，因此即使是阴离子也会从阳

极端流向阴极端。

加大缓冲溶液的酸度，在缓冲溶液中加入有机试剂都会减少硅羟基的解离，减小电渗流。

2. 毛细管电泳的分离模式

毛细管电泳的分离模式有以下几种。

1）毛细管区带电泳

将待分析溶液引入毛细管进样一端，施加直流电压后，各组分按各自电泳流和电渗流的矢量和流向毛细管出口端，并按阳离子、中性粒子和阴离子及其电荷大小的顺序通过检测器。中性组分彼此不能分离。出峰时间称为迁移时间，相当于高效液相色谱和气相色谱中的保留时间。

2）毛细管凝胶电泳

毛细管凝胶电泳是指在毛细管中装入单体和引发剂引发聚合反应生成凝胶，这种方法主要用于分析蛋白质、DNA 等生物大分子。另外还可以利用聚合物溶液，如葡聚糖等的筛分作用进行分析，称为毛细管无胶筛分。有时将它们统称为毛细管筛分电泳，又分为凝胶电泳和无胶筛分电泳两类。

3）毛细管等速电泳

采用前导电解质和尾随电解质。在毛细管中充入前导电解质后进样，电极槽中换用尾随电解质进行电泳分析，带不同电荷的组分迁移至各个狭窄的区带，然后依次通过检测器。

4）毛细管等电聚焦电泳

将毛细管内壁涂覆聚合物减小电渗流，再将样品和两性电解质混合进样，在两个电极槽中分别加入酸液和碱液，施加电压后毛细管中的操作电解质溶液逐渐形成 pH 梯度，各溶质在毛细管中迁移至各自等电点时变为中性，形成聚焦的区带，而后用压力或改变检测器末端电极槽储液的 pH 值的办法使溶质通过检测器。

5）胶束电动毛细管电泳

当操作缓冲液中加入大于其临界胶束浓度的离子型表面活性剂时，表面活性剂就聚集形成胶束，其亲水端朝外，憎水非极性核朝内，溶质则在水和胶束两相间分配，各溶质因分配系数存在差别而被分离。对于常用的阴离子表面活性剂十二烷基硫酸钠，进样后极强亲水性组分不能进入胶束，随操作缓冲液流过检测器（容量因子 $k'= 0$）；极强憎水性组分则进入胶束的核中不再回到水相，最后到达检测器（$k'=\infty$）。其他常用的胶束试剂还有阳离子表面活性剂十六烷基三甲基溴化铵和胆酸等。

其中毛细管区带电泳和胶束电动毛细管色谱两种分离模式使用较多。胶束电动毛细管色谱和毛细管电色谱两种模式的分离机理均以色谱为主，对荷电溶质则兼有电泳作用。操作缓冲液中加入各种添加剂可获得多种分离效果。如加入环糊精、衍生化环糊精、冠醚、血清蛋白、多糖、胆酸盐或某些抗生素等，可拆分手性化合物；加入有机溶剂可改善某些组分的分离效果，以至可在非水溶液中进行分析。

二、毛细管电泳仪的结构及特点

1. 毛细管电泳仪的结构

毛细管电泳系统（见图 5.10）的基本结构包括进样机构、两个缓冲液槽（一个高压极槽、一个低压极槽）、高压电源、检测器、控制系统记录数据处理系统。毛细管电泳仪实物如图 5.11 所示。

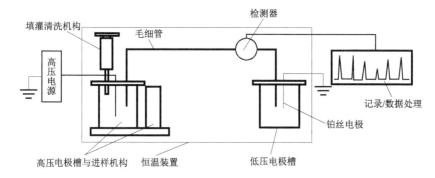

图 5.10　毛细管电泳系统

图 5.11　毛细管电泳仪实物

2. 毛细管电泳仪的特点

(1) 所需样品量少。

(2) 分析速度快,分离效率高,分辨率高,灵敏度高。

(3) 分离模式多,开发分析方法容易。

(4) 溶剂用量少,经济、环保。

(5) 应用范围广。

三、毛细管电泳仪的操作方法

(1) 开机前的准备:如进一个样品,取样品瓶 8 个,分别用记号笔标上"1、2、4、5、6、7、8、9"号,分别用移液枪加入。

1 号:氢氧化钠溶液(pH=9.3,可纯化、消除杂离子),加盖。

2 号:水,加盖。

4 号:缓冲溶液,加盖。

5 号:缓冲溶液,加盖。

6 号:缓冲溶液,加盖。

7 号:样品溶液,加盖(加样前过滤净化)。

8 号:空瓶,不加盖(废液瓶)。

9 号:空瓶,加盖(气冲洗)。

(注意:各个样品瓶加样完成后超声 15 min 以上,加盖。瓶盖要盖严、平整,3 号空位,49 号空位,10~48 号共可装载 39 个样品。)

(2) 打开仪器电源。

(3) 打开软件,进入"Instrument"主菜单,在下拉列表中选择"Inti"命令进行初始化。

编辑方法如下:

进入"Method"主菜单,在下拉列表中选择"Edit Entire Method"命令,在出现的界面中选择"Inlet"和"Outlet"选项,然后单击"确认"键;接着填写实验名称并确认;并设置毛细管两端与瓶底的距离为"4 mm",设置柱温盒温度,选择 Inlet(进口)为"4 号",Outlet(出口)为"5 号",并单击"确认"键;将 Inlet 中换成"7 号"(样品),选择加压时间(进样时间),再将"7 号"换成"5 号"或者"6 号"。

进入"Preconditioning"主菜单,在下拉列表中选择"Edit"命令,在出现的界面中进行如下设置:

设置 1 行,Inlet 为"2 号",Outlet 为"8 号",模式为"flush",2 号时间为"1 min";设置 2 行,模式为"flush",将 Inlet 换为"1 号",时间为"5 min";

设置3行,模式为"wait",时间为"5 min";设置4行,模式为"flush",5号时间为20 min(同次测定2、3行可省略)。

进样模式的设置:进样压力为"50 mbar",时间为"4 s",确认。Swith 设置为"on",正负调节为"Positive",电压值为30 kV,确认。设置检测波长、带宽,确认;收集设置为"Off",确认;保存方法。

样品注册,选择小瓶图标,在出现的对话框中选择"Sample Information"选项。选择样品瓶号,输入"样品信息",确认。

(4) 关机:进入"Instrument"主菜单,在下拉列表中选择"Maintenance"命令进行维护。

选择"Inlet"选项,设置为"2号"(水瓶),单击蓝色气瓶图标,设置"Flush"时间为"10~20 min"。

选择"Inlet"选项,设置为"9号"(气冲洗瓶),再单击蓝色气瓶图标,设置"Flush"时间为"5~20 min"。

四、毛细管电泳仪的应用

CE具有多种分离模式(多种分离介质和原理),故具有多种功能,因此应用十分广泛,通常能配成溶液或悬浮溶液的样品(除挥发性和不溶物外)均能用CE进行分离和分析,小到无机离子,大到生物大分子和超分子,甚至整个细胞都可进行分离检测。它被广泛应用于生命科学、医药科学、临床医学、分子生物学、法医与侦破鉴定、化学、环境学、海关、农学、生产监控、产品质检以及单细胞和单分子分析等领域。

1. CE在药物制剂分析中的应用

药物制剂中成分复杂,除含有有效成分外,往往还含有一些有效成分的稳定剂或保护剂,一般几毫克的有效成分需要几十毫克的基体。CE具有排除高含量复杂基体干扰、检测痕量成分的能力,且只需经简单预处理样品即可分析其有效成分的含量,现已被广泛应用于片剂、注射剂、糖浆、滴耳液、乳膏剂及复方制剂等各种剂型中主药成分的定量测定。

2. CE在药物杂质检查中的应用

药物合成中带入的杂质和药物的降解产物通常与药物有相似的结构,且一般含量很低。CE作为药物的杂质痕量组分分析方法,具有多组分、低含量和同时进行分离分析的能力,故可以用毛细管电泳作为药物杂质的检测手段。CE也可以用于药物生产过程的全方位控制与检测,以保证药物质量,提高工艺水平。已有文献报道用NACE法测定已烯雌酚片及其降解物;用CE法定量分析盐酸罗匹尼罗及其潜在杂质;用CZE法分析伊班磷酸盐及其相关杂质;用CZE和CITP法检测高舍瑞林中缩氨酸和反离子物质的含量;用CZE法定量检测半胱胺钠磷酸盐中的杂质。

3. CE 在中药分析中的应用

中药品种繁多，药材产地各异、成分复杂，无论是药材还是成药的分析，都是一项非常艰难的任务。中药分析工作用现代化仪器设备和科技手段（如薄层色谱、HPLC 等）虽取得巨大进展和成就，但往往只是对药材和成药成百上千个成分中的一个或几个成分进行分析，实际上只是一种象征性的代表式分析，与之起化学和药理效应的实际组合成分（起码是有效成分）相比，仍有相当大的距离。随着 CE 技术对中药材及其有效成分的鉴别与分析的快速发展，建立在此基础上的中成药和中药复方制剂中有效成分的定性、定量分析已有进展，且有希望解决长期困扰中药质量控制中的重大难题。近年，报道 CE 分析中药材已有 18 种、成药 70 种和有效成分 120 个以上。毛细管电泳法已经日益广泛地被应用到中药有效成分的分离和含量测定中，分离测定的成分包括生物碱、黄酮类、有机酸类、酚类、苷类、蒽醌类、香豆素类等。

4. CE 在手性药物分析中的应用

手性药物的每个对映异构体在生物环境中表现出不同的药效作用，在药物吸收、分布、代谢、排泄等方面存在立体选择性差异。CE 因其高效、快速、选择性强的特点而成为目前最有效的手性拆分方法。各种 CE 分离模式皆可用于对映异构体分离，因此手性拆分成为 CE 应用最活跃、最独特的领域。其中，添加剂法只需向电泳缓冲液中加入合适的手性试剂，经过一定的分离条件优化即能实现手性分离。目前，主要的手性添加剂有环糊精类（CDs）、冠醚类、大环抗生素和蛋白质等。

5. 生物样本中的药物及其代谢产物分析

对生物体内药物及其代谢物随时间与位置分布所做的研究，即药物动力学分析，在临床医学中有重要意义。在非水溶剂中可降低被分析物与管壁的作用，降低由于吸附所引起的峰拓宽并改善拖尾，同时可显著提高被分析物的回收率，降低用管壁面积较大的毛细管进行分析时被分析物的损失。近年来，用毛细管电泳法进行生物样本中的药物及其代谢产物的分析已成为研究热点。已有文献报道用 CE 法监测腺苷及其代谢物含量的变化；用 CE 法测定人血浆中的优降糖、甲福明二甲双胍、苯乙双胍含量；用 CE-化学发光法检测人尿中儿茶酚胺的含量；用 CZE-安培法测定尿中的 L-酪氨酸及其代谢物的浓度；用 CZE 法测定人尿中两种巴比妥盐的浓度；用 HPCE 法测定头孢克罗血浆的浓度；用 CE 法测定血浆中蛋氨酸的含量；用 CE-电导法检测血清中的丙戊酸含量。

CE 分析的速度快，有良好的时间分辨性，能为治疗机制与用药水平提供可靠的分析，将来在此领域内的应用一定还会深入。

第四节 红外光谱仪

一、红外光谱仪的工作原理

红外线和可见光一样都是电磁波，而红外线是波长介于可见光和微波之间的一段电磁波。红外光又可依据波长范围分成近红外、中红外和远红外三个波区。其中，中红外区（$2.5 \sim 25\ \mu m$；$4\,000 \sim 400\ cm^{-1}$）能很好地反映分子内部所进行的各种物理过程以及分子结构方面的特征，对解决分子结构和化学组成中的各种问题最为有效。因此，中红外区是红外光谱中应用最广的区域。一般所说的红外光谱大都是指这一范围。

红外光谱属于吸收光谱，是由于化合物分子振动时吸收特定波长的红外光而产生的，化学键振动所吸收的红外光的波长取决于化学键动力常数和连接在两端的原子折合质量，也即取决于化合物分子的结构特征。这就是红外光谱测定化合物结构的理论依据。

红外光谱作为"分子的指纹"广泛地用于分子结构和物质化学组成的研究。根据分子对红外光吸收后得到谱带频率的位置、强度、形状以及吸收谱带和温度、聚集状态等的关系便可以确定分子的空间构型，求出化学键的力常数、键长和键角。从光谱分析的角度看主要是利用特征吸收谱带的频率推断分子中存在某一基团或键，由特征吸收谱带频率的变化推测临近的基团或键，进而确定分子的化学结构；当然也可由特征吸收谱带强度的改变对混合物及化合物进行定量分析。而鉴于红外光谱的应用广泛性，绘出红外光谱的红外光谱仪也成了科学家们的重点研究对象。

傅里叶变换红外（FT-IR）光谱仪是根据光的相干性原理设计的，是一种干涉型光谱仪，它主要由光源（硅碳棒，高压汞灯）、干涉仪、检测器、计算机和记录系统组成，大多数傅里叶变换红外光谱仪都使用了迈克尔逊（Michelson）干涉仪，因此实验测量的原始光谱图是光源的干涉图，然后通过计算机对干涉图进行快速傅里叶变换计算，得到以波长或波数为函数的光谱图，因此，谱图称为傅里叶变换红外光谱，仪器称为傅里叶变换红外光谱仪。

在傅里叶变换红外光谱测量中，主要由两步完成。第一步，测量红外干涉图。该图是一种时域谱，是一种极其复杂的谱，难以解释。第二步，通过计算机对该干涉图进行快速傅里叶变换计算，从而得到以波长或波数为函数的频域谱，即红外光谱图，如图 5.12 所示。

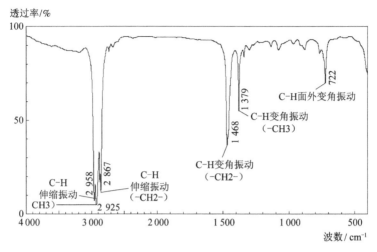

图 5.12　红外光谱图

纵坐标为透过率，横坐标为波长 λ（μm）或波数（cm⁻¹）

二、红外光谱仪的结构特点

（1）多路优点。夹缝的废除大大提高了光能利用率。样品置于全部辐射波长下，全波长范围下的吸收必然改进信噪比，使测量灵敏度和准确度大大提高。

（2）分辨率提高。分辨率取决于动镜的线性移动距离。距离增加，分辨率提高。一般可达 0.5 cm⁻¹，高的可达 0.01 cm。

（3）波数准确度高。由于引入激光参比干涉仪，用激光干涉条纹准确测定光程差，因而使波数更为准确。

（4）测定的光谱范围宽，可达 $10 \sim 10^4$ cm⁻¹。

（5）扫描速度极快，在不到 1 s 时间内可获得图谱，比色散型仪器高几百倍。

傅里叶变换红外吸收光谱仪的结构框图和实物分别如图 5.13 和图 5.14 所示。

三、红外光谱仪的操作方法

1. 开机前的准备

开机前应检查实验室电源、温度和湿度等环境条件，当电压稳定，室温为 (21±5)℃、湿度≤65% 时，才能开机。

2. 开机

开机时，首先打开仪器电源，稳定半小时，使仪器能量达到最佳状态。开启计算机，并打开仪器操作平台红外分析（OMNIC）软件，运行"Diagnostic"菜单，检查仪器稳定性。

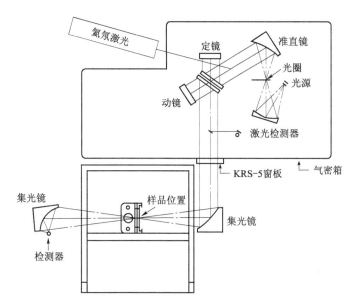

图 5.13 傅里叶变换红外吸收光谱仪的结构框图

图 5.14 红外光谱仪实物

3. 制样

根据样品特性以及状态，制定相应的制样方法并制样。

4. 扫描和输出红外光谱图

测试红外光谱图时，先扫描空光路背景信号（Collect→Background），再扫描样品文件信号（Collect→Sample），经傅里叶变换得到样品红外光谱图。

5. 关机

（1）关机时，先关闭"OMNIC"软件，再关闭仪器电源，最后关闭计算机并盖上仪器防尘罩。

（2）在记录本中记录使用的情况。

四、红外光谱仪的使用注意事项

（1）测定时实验室的温度应在 15~30 ℃，所用的电源应配备稳压装置。

（2）为防止仪器受潮而影响使用寿命，红外实验室应保持干燥（相对湿度应在 65% 以下）。

（3）样品的研磨要在红外灯下进行，以防止样品吸水。

（4）压片用的模具用后应立即把各部分擦干净，必要时应用水清洗干净并擦干，且置干燥器中保存，以免锈蚀。

（5）OMNI 采样器使用过程中必须注意以下几个问题：

① 样品与 Ge 晶体间必须紧密接触，不留缝隙，否则红外光射到空气层就发生衰减全反射，不进入样品层。

② 对于热、烫、冰冷、强腐蚀性的样品不能直接置于晶体上进行测定，以免 Ge 晶体裂痕和腐蚀。

③ 尖、硬且表面粗糙的样品不适合用 OMNI 采样器采样，因为这些样品极易刮伤晶片，甚至使其碎裂。

第五节　质　谱　仪

质谱法是将样品离子化，变为气态离子混合物，并按质荷比（m/z）分离的分析技术；质谱仪是实现上述分离分析技术，从而测定物质的质量与含量及其结构的仪器。质谱分析法是一种快速、有效的分析方法，利用质谱仪可进行同位素分析、化合物分析、气体成分分析以及金属和非金属固体样品的超纯痕量分析。在有机混合物的分析研究中证明了质谱分析法比化学分析法和光学分析法更具有优越性。其中有机化合物质谱分析在质谱学中占的比例最大，全世界几乎有 3/4 的仪器从事有机分析。现在的有机质谱法，不仅可以进行小分子的分析，而且可以直接分析糖、核酸、蛋白质等生物大分子，其在生物化学和生物医学上的研究成为当前的热点。生物质谱学的时代已经到来，当代科学研究有机化合物已经离不开质谱仪。

一、质谱仪的基本结构

质谱仪主要由进样系统、离子源、质量分析器、检测接收器、数据系统组成，其中进样系统、离子源、质量分析器、检测接收器需要在真空环境下进行。

1. 进样系统

进样系统是把分析样品导入离子源的装置,包括直接进样、GC、LC 及接口、加热进样、参考物进样等。

2. 离子源

离子源是使被分析样品的原子或分子离化为带电粒子(离子)的装置,并对离子进行加速使其进入分析器。根据离子化方式的不同,分析有机物常用的有如下几种方法,其中电子电离源、快电子轰击源最常用。

1) 电子电离源

电子电离源(Electron Impact Ionization,EI)是利用电子轰击电离的原理。它是最经典常规的方式,其他均属软电离。EI 使用面广,峰重现性好,碎片离子多。缺点是不适合极性大、热不稳定性的化合物,且可测定的分子量有限,一般小于或等于 1 000。电子电离源的原理如图 5.15 所示。

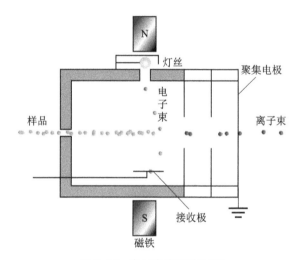

图 5.15 电子电离源的原理

2) 化学电离源

化学电离源(Chemical Ionization,CI)是利用化学电离原理,其核心是质子转移。与 EI 相比,在 EI 法中不易产生分子离子的化合物,在 CI 中易形成较高丰度的 [M+H]$^+$ 或 [M−H]$^+$ 等 "准" 分子离子,得到碎片少,谱图简单,但结构信息少一些。与 EI 法同样,样品需要汽化,对难挥发性的化合物不太适合。质子转移反应质谱的原理如图 5.16 所示。

3) 场解吸源

场解吸源(Field Desorption,FD)大部分只有一个峰,适用于难挥发的极性化合物,如糖;它应用较困难,目前基本被 FAB 取代。

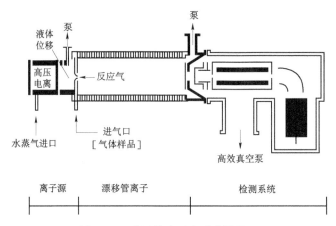

图 5.16　质子转移反应质谱的原理

4) 快电子轰击源

快电子轰击源（Fast Atom Bombardment，FAB）于 20 世纪 80 年代初发明，（见图 5.17）——利用氩、氙，或者铯离子枪（LSIMS，液体二次离子质谱），高速中性原子或离子对溶解在基质中的样品溶液进行轰击，在产生"爆发性"气化的同时，发生离子—分子反应，从而引发质子转移，最终实现样品离子化。它适用于热不稳定以及极性化合物等。FAB 法的关键是可以选择适当的（基质）底物，进行从较低极性到高极性的范围较广的有机化合物测定，不但可以得到分子量，还能提供大量的碎片信息，是目前应用比较广的电离技术。产生的谱介于 EI 与 ESI 之间，接近硬电离技术；生成的准分子离子，一般常见的有 [M+H]$^+$ 和 [M+底物]$^+$。另外还有根据底物脱氢以及分解反应产生的 [M−H]$^-$。容易提供电子的芳烃化合物产生 M$^+$。甾类化合物、氨基霉素等还产生 [M+NH$_4$]$^+$。糖甙、聚醚等一般可（产生）观察到 [M+Na]$^+$。由底物与粒子轰击（碰撞）诱导发生还原反应来产生 [M+nH]$^+$（n >1），二量体（双分子）[M+H+M]$^+$ 及 [M+H+B]$^+$ 等。

因此，在进行谱图解析时，要考虑底物和化合物的性质、盐类的混入等进行综合判断。

5) 电喷雾电离源

电喷雾电离源（Electrospray Ionization，ESI）（见图 5.18）与高效液相、毛细管电泳联用最好，亦可直接进样，属最软的电离方式，混合物直接进样可得到各组分的分子量。

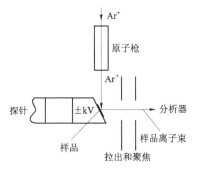

图 5.17　快电子轰击源

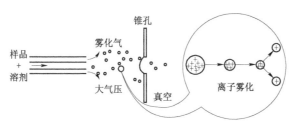

图 5.18 电喷雾电离

6) 大气压化学电离源

大气压化学电离源（Atmospheric Pressure Chemical Ionization，APCI）同 5)，更适宜做小分子。大气压化学电离（APCI）是一种新的电离方式和液质联用接口技术，从液相色谱流出的样品溶液进入一具有雾化气套管的毛细管，被氮气流雾化，通过加热管时被气化。在加热管端进行电晕（Corona）尖端放电，溶剂分子被电离，充当反应气，与样品气态分子碰撞，经过复杂的反应过程，样品分子生成准分子离子。大气压化学电离接口如图 5.19 所示。

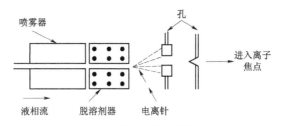

图 5.19 大气压化学电离接口

$$\begin{cases} R+e \rightarrow R^+ + 2e \\ R^+ + R \rightarrow RH^+ + R \\ RH^+ + M \rightarrow R + MH^+ \end{cases}$$

上式表示一种正离子模式的化学电离过程。R 为溶剂，M 为样品分子，MH^+ 为生成的准分子离子。如果溶剂比样品碱性弱，则生成 MPH^+，都属于准分子离子。准分子离子也能以负离子模式生成准分子离子，主要应用于具有强的电子亲和力的化合物。样品分子的准分子离子经筛选狭缝进入质谱计，整个电离过程在大气压条件下完成，见图 5.18。

APCI 形成的是单电荷的准分子离子，分子质量数可直接观察到，不会发生电喷雾电离（ESI）过程中因形成多电荷离子而发生信号重叠、降低图谱清晰度的问题。由于要求样品分子气化，因而大气压化学电离的对象为弱极性的小分子化合物；又由于这种软电离方式缺乏碎片离子产生，为得到进一步的结构信息；需进行碰撞诱导断裂，这在接口中可完成。通过对其中电压的调节，可以得到不同断裂程度的质谱。

APCI 的软电离方式，在很大程度上降低了样品对质谱仪的"污染"。由于其形成准分子离子，为串联质谱的应用提供了条件：一级质谱的准分子离子是二级质谱进一步分裂的最佳母离子，使液相色谱——大气压化学电离串联质谱（LC-APCI/MS/MS）成为精确、细致分析混合物结构信息的有效技术。正交加速技术的出现使飞行时间质谱计（TOFMS）能够匹配连续电离的 APCI 源，APCI/MS 的质量分析范围质荷比 m/z 可达 2 500，大大超过常规的四极杆和离子阱质谱的质量分析范围（m/z：1 000，6 000），从而使 LC-APCIMS/MS 用于分析生物大分子和非共价的复合物。

7）基体辅助激光解吸/基质辅助激光解吸电离源

基体辅助激光解吸/基质辅助激光解吸电离源（Matrix Assisted Laser Desorption Ionization，MALDI）是一种用于大分子离子化的方法，利用对使用的激光波长范围具有吸收并能提供质子的基质（一般常用小分子液体或结晶化合物），将样品与其混形成混合体，在真空下用激光照射该混合体，基体吸收激光能量，并传递给样品，从而使样品解吸电离。MALDI 的特点是准分子离子峰很强。通常将 MALDI 用于飞行时间质谱和 FT-MS，特别适合分析蛋白质和 DNA 等大分子。

3. 质量分析器

质量分析器是质谱仪中将离子按质荷比分开的部分。离子通过分析器后，按不同的质荷比（m/z）分开，从而将相同的 m/z 离子聚焦在一起组成质谱。

4. 检测接收器

检测接收器是接收离子束流的装置，有二次电子倍增器、光电倍增管和微通道板。

5. 数据系统

数据系统将接收来的电信号放大、处理并给出分析结果，包括外围部分，如终端显示器、打印机等。现代的计算机接口，还可反过来控制质谱仪各部分的工作。

6. 真空系统

真空系统是由机械真空泵（前极低真空泵）、扩散泵或分子泵（高真空泵）组成真空机组，抽取离子源和分析器部分的真空。只有在足够高的真空下，离子才能从离子源到达接收器；真空度不够则灵敏度低。

7. 供电系统

供电系统包括整个仪器各部分的电器控制部件，从几伏低压到几千伏高压。

二、质谱仪的分类

常见的质谱仪有下列几种：四极质谱仪（Q）、飞行时间质谱仪（TOF）、傅里叶变换离子回旋共振质谱仪（FT-ICRMS）、离子阱质谱仪（TRAP）、双聚焦扇形磁场—电场串联仪器（Sector）、串列式多级质谱仪（MS/MS）和混合型如四极+TOF、磁式+TRAP 等。

三、质谱仪的分析原理

磁质谱的基本公式为

$$\frac{M}{Z}=\frac{H^2R^2}{2V} \tag{5.6}$$

式中　M——质量；
　　　Z——电荷；
　　　V——加速电压；
　　　R——磁场半径；
　　　H——磁场强度。

磁质谱经典、分辨率高，质量范围相对宽；缺点是体积大、造价高，现在越来越少。

1. 四极质谱仪

四极杆分析器（Quadruple）是一种被广泛使用的质谱仪分析器。由两组对称的电极组成，如图 5.20 所示。电极上加有直流电压和射频电压 [±(U+$V\cos\omega t$)]。相对的两个电极上的电压相同，相邻的两个电极上的电压大小相等、极性相反。带电粒子射入高频电场中，在场半径限定的空间内振荡。在一定的电压和频率下，只有一种质荷比的离子可以通过四极杆达到检测器，其余离子则因振幅不断增大，撞在电极上而被"过滤"掉，因此四极分析器又叫四极滤质器。利用电压或频率扫描，可以检测不同质荷比的离子。其优点是扫描速度快，比磁式质谱价格便宜、体积小，常被做成台式进入常规实验室；缺点是质量范围及分辨率有限。

2. 飞行时间质谱仪

飞行时间质谱仪利用相同能量的带电粒子因质量的差异而具有不同速度的原理，不同质量的离子可以不同的时间通过相同的漂移距离到达接收器。飞行时间质量分析器如图 5.21 所示。

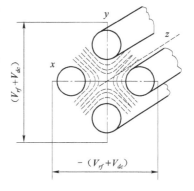

图 5.20　四极杆分析器

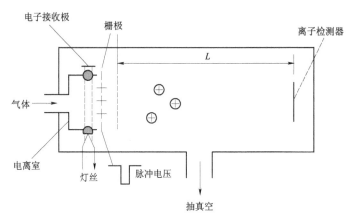

图 5.21　飞行时间质量分析器

飞行时间质谱仪的优点是扫描速度快、灵敏度高、不受质量范围限制，结构简单，造价低廉等。

3. 傅里叶变换离子回旋共振质谱仪

傅里叶变换质谱（FT-MS）是指在射频电场和正交横磁场的作用下，离子做螺旋回转运动，回旋半径越转越大，当离子回旋运动的频率与补电场射频的频率相等时，产生回旋共振现象，测量产生回旋共振的离子流强度，经傅里叶变换计算，最后得到质谱图。它是一种较新的技术，可进行高质量数、高分辨率及多重离子分析，因此，很有前途。但因使用超导磁铁需要液氦，不能接 GC，动态范围稍窄，目前还不作为常规仪器使用。傅里叶变换离子回旋共振如图 5.22 所示。

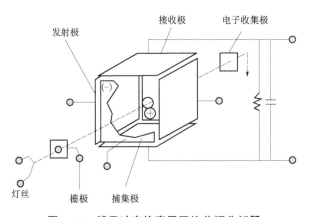

图 5.22　傅里叶变换离子回旋共振分析器

4. 离子阱质谱仪

离子阱（Ion Trap）通常由一个双曲面截面的环形电极和上下一对双曲面

端电极构成,如图 5.23 所示。从离子源产生的离子进入离子阱内后,在一定的电压和频率下,所有离子均被阱集。改变射频电压,可使感兴趣的离子处于不稳定状态,运动幅度增大被抛出阱外而被接收、检测。用离子阱作为质量仪,不但可以分析离子源产生的离子,而且可以把离子阱当成碰撞室,使阱内的离子碰撞活化解离,分析其碎片离子,得到子离子谱。离子阱不但体积很小,而且具有多级质谱的功能,即做到 MS^n。但其动态范围窄,且低质量区有 1/3 缺失,因此不太适合混合物定量。

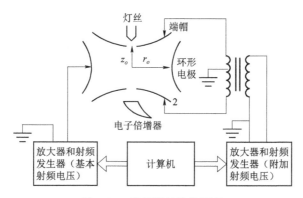

图 5.23 离子阱的构造原理

一般采用 ESI、CI 或 FAB 等软离子化方法,以利于多产生分子离子。通过 MS1 的离子源使样品离子化后,混合离子通过第一分析器,可选择一定质量的离子作为母体离子,进入碰撞室,室内充有靶子反应气体(碰撞气体:He、Ar、Xe、CH_4 等)对所选离子进行碰撞,发生离子—分子碰撞反应,从而产生"子离子",再经二级质谱的分析器及接收器得到子离子(扫描)质谱(Product Ion Spectrum),一般称作 MS/MS-CID 谱,或者简称为 CID(Collision Induced Dissociation)谱、碰撞诱导裂解谱及 MS/MS 谱。另外,也有母找子离子的 MS/MS 谱(MS/MS Precursor Ion Spectrum)。研究 MS/MS 谱(一般指子离子质谱,与在源内裂解产生的正常碎片质谱类似,但有区别,现不能检索),可以了解被分析样品的混合物性质和成分,对一些混合物(目前,多用最软电离的 ESI 或 APCI 的 MS/MS)不必进行色谱分离可直接分析。与色谱法相比,其有很快的响应速度,省时、省样品、省费用,具有高灵敏度和高效率的优点。其另外一个特点是通过子→母及母→子 MS/MS 谱可以掌握一定的结构信息,成为目前有力的结构解析手段。因此,现在利用串联质谱仪进行药物研究越来越得到重视,特别是在药物代谢以及混合物的微量成分分析和结构测定等方面越来越具有重要的作用。比较常用的三级、四极型 MS/MS,联用 LC-MS/MS 使用方便、操作简单,适合于定量等常规检测;大型的 MS/MS 更适合结构解析。

四、质谱仪器的性能指标

1. 质量范围

质量范围表示一台仪器所允许测量的质荷比，从最小到最大值的变化范围。一般最小为 2，实际 10 以下已经无用；最大可达数万，利用多电荷离子，实际能达上百万。

2. 分辨率

分辨率 R 是判断质谱仪的一个重要指标。低分辨率仪器一般只能测出整数分子量。高分辨率仪器可测出分子量小数点后第 4 位，因此可算出分子式，不需要进行元素分析，更精确。

$$R = \frac{m}{\Delta m} \tag{5.7}$$

式中　m——相邻两峰之一的质量数；

Δm——相邻两峰的质量差。

例如，500 与 501 两个峰刚好分开，则 $R = 500/1 = 500$；若 $R = 50\ 000$，则可区别开 500 与 500.01。对于四极杆仪器，通常做到单位分辨，高低质量区的分辨率数值不同。

3. 灵敏度

灵敏度有多种定义方法，粗略地说是表示所能检查出灵敏度的最小量，一般可达到 $10^{-9} \sim 10^{-12}$ g，甚至更低，实际还应看信噪比。

五、质谱的表示法及解析

1. 谱图法

横坐标代表质量数，纵坐标代表峰强度，表示质量离子的多寡。谱图法比较常用、直观，但不太细致；可分为连续谱和棒状图两种，一般 EI 棒图多，ESI 连续谱多。

2. 列表法

质量数，相对丰度……

3. 高分辨表示法

实测质量	理论质量	C	H	O	N	误差/(%)	相对丰度/(%)
322.109 4	322.107 9	19	16	4	1	-4.6×10^{-4}	100
309.135 8	309.136 5	19	19	3	1	2.2×10^{-4}	80

质谱是一种语言，但需要翻译。与其他类型的谱图比较，学习如何由质

谱图识别一个简单分子要容易得多。质谱图直接给出分子及其碎片的质量，因此化学家不需要学习任何新的知识。例如，水的质谱图，一看便知。但质谱并不是随意拼凑质量数，是有规律可循的，不同的物质有其特有的质谱图，如 α-紫罗酮质谱图，如图 5.24 所示。

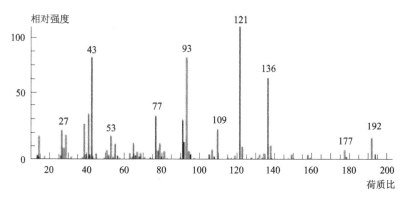

图 5.24　α-紫罗酮质谱图

第六节　DNA 测序仪

DNA 测序（DNA Sequencing，或译 DNA 定序）是指分析特定 DNA 片段的碱基序列，也就是腺嘌呤（A）、胸腺嘧啶（T）、胞嘧啶（C）与鸟嘌呤（G）的排列方式。快速的 DNA 测序方法的出现极大地推动了生物学和医学的研究和发现。

在基础生物学研究中和在众多的应用领域，如诊断、生物技术、法医生物学、生物系统学中，DNA 序列知识已成为不可缺少的知识。具有现代 DNA 测序技术的快速测序速度可以达到测序完整的 DNA 序列，或多种类型的基因组和生命物种，包括人类基因组和其他许多动物、植物和微生物物种的完整 DNA 序列。DNA 测序仪如图 5.25 所示。

图 5.25　DNA 测序仪

一、DNA 测序仪的工作原理

1. 双脱氧链末端终止法

双脱氧链末端终止法是指通过使用链终止剂——类似于正常 dNTP 的 2′，3′-双脱氧核苷三磷酸（ddNTP），将延伸的 DNA 链特异性地终止。其反应体系也包括单链模板、引物、4种dNTP和DNA聚合酶,共分4组,每组按一定比例加入一种(ddNTP)。它能随机渗入合成的DNA链,一旦渗入,合成即终止。因此各种不同大小片段的末端核苷酸必定为该种核苷酸。可以从放射自显影带上直接阅读DNA的核苷酸序列。

与dNTP相比,ddNTP在脱氧核糖的位置上缺少一个羟基,反应过程中虽然可以在DNA聚合酶作用下,通过其磷酸基团与正在延伸的DNA链的末端脱氧核糖-OH发生反应,形成磷酸二酯键而掺入DNA链,但它们本身没有-OH,不能同后续的dNTP形成磷酸二酯键,从而使正在延伸的DNA链在此终止。据此原理分别设计4个反应体系,每一反应体系中存在相同的DNA模板、引物、4种dNTP和一种ddNTP(如ddATP),则新合成的DNA链在可能掺入正常dNTP的位置都有可能掺入ddNTP而导致新合成链在不同的位置终止。由于存在ddNTP与dNTP的竞争,生成的反应产物是一系列长度不同的多核苷酸片段。

2. 新生链的荧光标记原理

荧光标记引物法的定义:将荧光染料预先标记在测序反应所用引物的5′端一组(4种)荧光标记引物,其序列相同,但标记的荧光染料颜色不同。

荧光标记终止底物法的定义:将荧光染料标记在作为终止底物的双脱氧单核苷酸上,反应中将4种ddNTP分别用4种不同的荧光染料标记,带有荧光基团的ddNTP在掺入DNA片段导致链延伸终止的同时,也使该片段端标上了一种特定的荧光染料,经电泳后将各个荧光谱带分开,根据荧光颜色的不同来判断所代表的不同碱基信息。

3. 荧光标记DNA的检测原理

测序反应一般以单引物进行DNA聚合酶延伸反应,绝大多数产物均为单链。反应结束后,样品经简单纯化处理就可以放置到自动测序仪中开始电泳,两极间极高的电势差推动着各个荧光DNA片段在凝胶高分子聚合物中从负极向正极泳动并达到相互分离,且依次通过检测窗口。由激光器发出的极细光束,通过精密的光学系统被导向检测区,在这里激光束以与凝胶垂直的角度激发荧光DNA片段,DNA片段上的荧光发色基团吸收了激光束提供的能量而发射出特征波长的荧光,代表不同碱基信息的不同颜色荧光经过光栅分光后再投射到CCD摄像机上同步成像,收集的荧光信号再传输给计算机加以处理。整个电泳过程结束时,在检测区某一点上采集的所有荧光信号就转化为一个以时间为横轴坐标、荧光波长种类和强度为纵轴的信号数据的集合。测序分析软件对这些原始数据进行分析后,以一种清晰、直观的图形将测序结果显示出来。

二、DNA 测序仪的操作方法

（1）取 0.2 mL 的 PCR 管，用记号笔编号，将管插在颗粒冰中，按以下步骤加试剂：

所加试剂	测定模板管	标准对照管
bigdye mix	1 μL	1 μL
待测的质粒	DNA	1 μL
pgem-3zf（+）	双链 DNA	1 μL
待测 DNA 的正向	引物	1 μL
m13（-21）	引物	1 μL
灭菌	去离子水	2 μL

总反应体积为 5 μL，不加轻矿物油或石蜡油，盖紧 PCR 管，用手指弹管，稍离心。

（2）将 PCR 管置于 9600 或 2400 型 PCR 仪上进行扩增。98 ℃变性 2 min 后进行 PCR 循环，PCR 循环参数为 96 ℃/10 s、50 ℃/5 s、60 ℃/4 min，共 25 个循环，扩增结束后设置 4 ℃保温。

1. 醋酸钠/乙醇法纯化 PCR 产物

（1）将混合物离心，将扩增产物转移到 1.5 mL EP 管中。

（2）加入 25 μL 醋酸钠/乙醇混合液，充分振荡，置冰上 10 min 以沉淀 DNA。12 000 r/min 于 4 ℃离心 30 min，小心弃上清。

（3）加 70%（v/v）的乙醇 50 μL，洗涤沉淀 2 次。12 000 r/min 于 4 ℃离心 5 min，小心弃上清和管壁的液珠；真空干燥沉淀 10~15 min。

2. 电泳前测序 PCR 产物的处理

（1）加入 12 μL 的 TSR 于离心管中，剧烈振荡，让其充分溶解使 DNA 沉淀，稍离心。

（2）将溶液转移至盖体分离的 0.2 mL PCR 管中，稍离心。

（3）在 PCR 仪上进行热变性（95 ℃，2 min），在冰中骤冷，待上机。

3. 分析或打印出彩色测序图谱

按仪器操作说明书安装毛细管，进行毛细管位置的校正，人工手动灌胶和建立运行的测序顺序文件。仪器将自动灌胶至毛细管，于 1.2 kV 预电泳 5 min，按编程次序自动进样；预电泳（1.2 kV，20 min），在 7.5 kV 下电泳 2 h。电泳结束后仪器会自动清洗，灌胶，进行下一样品的预电泳和电泳。每一个样品电泳总时间为 2.5 h。电泳结束后，仪器会自动分析并打印出彩色测序图谱。

4. 序列分析

仪器将自动进行序列分析，并可根据用户要求进行序列比较。如测序序列已知，可通过序列比较以星号标出差异碱基处，提高工作效率。

5. 处理仪器

测序完毕后按仪器操作规程进行仪器的清洗与保养。

6. 计算

$$测序反应精确度 = \frac{100\% - 差异碱基数（不包括 n 数）}{650 \times 100\%}$$

式中　差异碱基数——测定的 DNA 序列与已知标准 DNA 序列比较不同的碱基；
　　　n——仪器不能辨读的碱基。

三、DNA 测序仪的使用注意事项

（1）Abi Prism 310 基因分析仪是高档精密仪器，需专人操作、管理和维护。

（2）本实验测序 PCR 反应的总体积是 5 μL，而且未加矿物油覆盖，所以 PCR 管盖的密封性很重要。除加完试剂后盖紧 PCR 管盖外，最好选用 PE 公司的 PCR 管。如 PCR 结束后 PCR 液小于 4~4.5 μL，则此 PCR 反应可能失败，不必进行纯化和上样。

（3）作为测序用户来说，只需提供纯化好的 DNA 样品和引物。一个测序 PCR 反应使用的模板不同，需要的 DNA 量也就不同。PCR 测序所需模板的量较少，一般 PCR 产物需 30~90 ng，单链 DNA 需 50~100 ng，双链 DNA 需 200~500 ng。DNA 的纯度一般是 A260 nm/A280 nm 为 1.6~2.0。最好用去离子水或三蒸水溶解 DNA，不用 TE 缓冲液溶解；引物用去离子水或三蒸水配成 3.2 pmol/μL 较好。

（4）本实验使用的测序试剂盒是 Bigdye 荧光标记终止底物循环测序试剂盒，一般可测的 DNA 长度为 650 bp 左右。本仪器 DNA 测序精确度为（98.5±0.5）%，仪器不能辨读的碱基 $n<2\%$。若所需测定的长度超过了 650 bp，则需设计另外的引物。为保证测序更为准确，可设计反向引物对同一模板进行测序，相互印证。对于 n 碱基可进行人工核对，有时可以辨读出来。为提高测序的精确度，根据 "*" 号提示的位置，可人工分析该处彩色图谱，对该处碱基做进一步的核对。

第七节　流式细胞仪

流式细胞仪（Flowcytometry，FCM）是对细胞进行自动分析和分选的装置。它可以快速测量、存储、显示悬浮在液体中分散的细胞的一系列重要生物物理、生物化学方面的特征参量，并根据预选的参量范围把指定的细胞亚

群从中分选出来。多数流式细胞计是一种零分辨率的仪器，它只能测量一个细胞的诸如总核酸量、总蛋白量等指标，而不能鉴别和测出某一特定部位的核酸或蛋白的多少。也就是说，它的细节分辨率为零。

一、流式细胞仪的工作原理

1. 参数测量原理

流式细胞仪可同时进行多参数测量，信息主要来自特异性荧光信号及非荧光散射信号。测量是在测量区进行的，所谓测量区就是照射激光束和喷出喷孔的液流束的垂直相交点。液流中央的单个细胞通过测量区时，受到激光照射，会向立体角为 2π 的整个空间散射光线，散射光的波长和入射光的波长相同。散射光的强度及其空间分布与细胞的大小、形态、质膜和细胞内部的结构密切相关，而这些生物学参数又和细胞对光线的反射、折射等光学特性有关。未遭受任何损坏的细胞对光线都具有特征性的散射，因此可利用不同的散射光信号对不经染色的活细胞进行分析和分选。经过固定的和染色处理的细胞由于光学性质改变，其散射光信号当然不同于活细胞。散射光不仅与作为散射中心的细胞的参数相关，还跟散射角及收集散射光线的立体角等非生物因素有关。

在实际使用中，仪器首先要对光散射信号进行测量。当光散射分析与荧光探针联合使用时，可鉴别样品中被染色和未被染色的细胞。光散射测量最有效的用途是从非均一的群体中鉴别出某些亚群。

荧光信号主要包括自发荧光和特征荧光两部分。

1) 自发荧光

自发荧光，即不经荧光染色细胞内部的荧光分子经光照射后所发出的荧光。

2) 特征荧光

特征荧光，即由细胞经染色结合上的荧光染料受光照而发出的荧光，其荧光强度较弱，波长也与照射激光不同。

自发荧光信号为噪声信号，在多数情况下会干扰对特异荧光信号的分辨和测量。在免疫细胞化学等测量中，对于结合水平不高的荧光抗体来说，如何提高信噪比是个关键。一般来说，细胞成分中能够产生的自发荧光的分子（如核黄素、细胞色素等）的含量越高，自发荧光越强；培养细胞中死细胞/活细胞比例越高，自发荧光越强；细胞样品中所含亮细胞的比例越高，自发荧光越强。

减少自发荧光干扰、提高信噪比的主要措施有：

(1) 尽量选用较亮的荧光染料。

(2) 选用适宜的激光和滤片光学系统。

(3) 采用电子补偿电路,将自发荧光的本底贡献予以补偿。

2. 样品分选原理

流式细胞仪的分选功能是由细胞分选器来完成的。总的过程是由喷嘴射出的液柱被分割成一连串的小水滴,根据选定的某个参数由逻辑电路判明其是否将被分选,而后由充电电路对选定细胞液滴充电;带电液滴携带细胞通过静电场而发生偏转,落入收集器中,其他液体被当作废液抽吸掉。某些类型的仪器也有采用捕获管来进行分选的。

稳定的小液滴是由流动室上的压电晶体在几十千赫兹的电信号作用下发生振动迫使液流均匀断裂而形成的。一般液滴间距约有数百微米。实验经验公式 $f=v/(4.5d)$,给出形成稳定水滴的振荡信号频率。其中,v 为液流速度,d 为喷孔直径。由此可知,使用不同孔径的喷孔及改变液流速度,可能会改变分选效果,使分选的含细胞的液滴在静电场中的偏转是由充电电路和偏转板共同完成的。充电电压一般选+150 V 或-150 V;偏转板间的电位差为数千伏。充电电路中的充电脉冲发生器是由逻辑电路控制的,因此从参数测定经逻辑选择再到脉冲充电需要一段延迟时间,一般为数十微秒。精确测定延迟时间是决定分选质量的关键,仪器多采用移位寄存器数字电路来产生延迟。可根据具体要求予以适当调整。

3. 数据处理原理

FCM 的数据处理主要包括数据的显示和分析,至于对仪器给出的结果如何解释则随所要解决的具体问题而定。

1) 数据显示

FCM 的数据显示方式包括单参数直方图、二维点图、二维等高图和假三维图等。

(1) 直方图是一维数据应用最多的图形显示形式,既可用于定性分析,又可用于定量分析,形同一般 X-Y 平面描图仪给出的曲线。根据选择放大器类型不同,纵坐标可以是线性标度或对数标度,用"道数"来表示,实质上是所测的荧光或散射光的强度。横坐标一般表示的是细胞的相对数。图 5.26 所示为 DNA 含量直方图和抗原 APO2.7PE 表达直方图。只能显示一个参数与细胞之间的关系是直方图的局限性。

(2) 二维点图能够显示两个独立参数与细胞相对数之间的关系。坐标分别为与细胞有关的两个独立参数,平面上每一个点表示同时具有相应坐标值的细胞存在,如图 5.27 所示。可以由二维点图得到两个一维直方图,但是由于兼并现象存在,二维点图的信息量要大于两个一维直方图的信息量。所谓兼并就是多个细胞具有相同的二维坐标在图上只表现为一个点,这样细胞点密集的地方就难于显示它的精细结构。

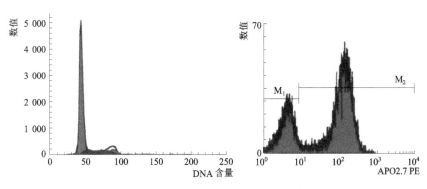

图 5.26 DNA 含量直方图和抗原表达直方图

（3）二维等高图类似于地图上的等高线表示法。它是为了克服二维点图的不足而设置的显示方法。等高图上的每一条连续曲线上具有相同的细胞相对或绝对数，即"等高"。曲线层次越高，所代表的细胞数越多。一般层次所表示的细胞数间隔是相等的，因此等高线越密集则表示变化率越大，等高线越疏则表示变化越平衡。图 5.28 所示为二维等高图的样式。

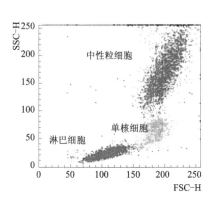

图 5.27　外周全血细胞散射光双参数点图（红细胞溶解后）

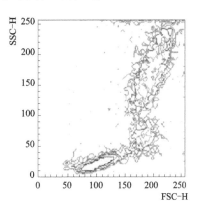

图 5.28　二维等高图

（4）假三维图是利用计算机技术对二维等高图的一种视觉直观的表现方法。它把原二维图中的隐坐标——细胞数同时显现，但参数维图可以通过旋转、倾斜等操作，以便多方位地观察"山峰"和"谷地"的结构和细节，这无疑是有助于对数据进行分析的。图 5.29 所示为假三维图。

2）数据分析

数据分析的方法总的来说可分为参数方法和非参数方法两大类。当被检测的生物学系统能够用某种数学模型技术时则多使用参数方法。数学模型可以

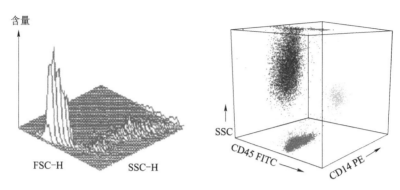

图 5.29　假三维图

是一个方程或方程组，方程的参数产生所需要的信息来自所测的数据。例如，在测定老鼠精子的 DNA 含量时，可以获取细胞频数的尖锐波形分布。如果采用正态分布函数来描述这些数据，则参数即为面积、平均值和标准偏差。方程的数据拟合则通常使用最小二乘法。而非参数分析法对测量得到的分布形状不需要做任何假设，即采用无设定参数分析法。分析程序可以很简单，可能只需要直观观测频数分布；也可能很复杂，要对两个或多个直方图逐道进行比较。

（1）逐点描图（或用手工，或用描图仪、计算机系统）是大家常用的数据分析的重要手段，也可以用来了解数据的特性，寻找那些不曾预料的特异征兆，选择统计分析的模型，显示最终结果等。事实上，不先对数据进行直观观察分析就决不应该对这批数据进行数值分析。从这一点来看，非参数分析是参数分析的基础。

（2）逐道比较工作量较大，但用直观法很容易发现明显的差异，特别是对照组和测试组。考虑 FCM 的可靠性，对每组测量，都要有对照组。对照组可以是空白对照组、阴性对照组或零时刻对照组等，具体设置应根据整体实验要求而定。对照组和测试组的逐道比较往往可以减少许多不必要的误差和错误解释。顺便指出，进行比较时对曲线的总细胞数进行归一化处理，甚至对两条曲线逐道相减而得到"差结果曲线"往往是适宜的。

因为数据分析往往和结果解释关系十分密切，也就是与生物学背景相关，因此具体的分析法和原理将在后面结合实例再介绍。

4. 技术参数

为了表征仪器的性能，往往根据使用目的和要求而提出几个技术参数或指标来定量说明。对于流式细胞仪常用的技术指标有荧光分辨率、荧光灵敏度、适用样品浓度以及分析速度和分选速度等。

1) 荧光分辨率

强度一定的荧光在测量时是在一定道址上的一个正态分布的峰,而荧光分辨率是指两相邻的峰可分辨的最小间隔。通常用变异系数(CV 值)来表示。CV 的定义式如下:

$$CV = \frac{\sigma}{\mu} \tag{5.8}$$

式中　σ——标准偏差;

　　　μ——平均值。

在实际应用中,使用关系式 $\sigma = 0.423 FWHM$;其中 FWHM 为峰在峰高一半处的峰宽值。目前仪器的荧光分辨率均优于 2.0%。

2) 荧光灵敏度

荧光灵敏度用来反映仪器所能探测的最小荧光光强的大小。一般用荧光微球上所标的可测出的 FITC (Fluoresce In Isothiocyanate 异硫氰基荧光素) 的最少分子数来表示。目前仪器均可达到 1 000 左右。

3) 分析速度和分选速度

分析速度和分选速度为仪器每秒钟可分析或分选的数目。一般分析速度为 5 000~10 000;分选速度掌握在 1 000 以下。

4) 适用样品浓度

适用样品浓度是指主要给出仪器工作时样品浓度的适用范围,一般在 10^{10} 细胞/mL 的数量级。

二、流式细胞仪的结构

流式细胞仪如图 5.30 所示。其结构主要由流动室与液流系统、激光源与光学系统、光电管与检测系统、计算机与分析系统 4 部分组成,如图 5.31 所示。

图 5.30　流式细胞仪

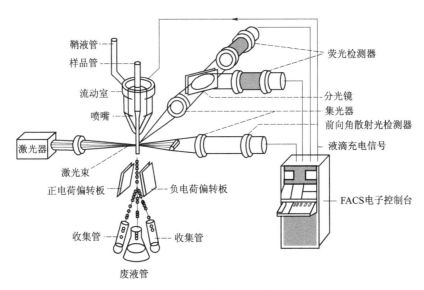

图 5.31 流式细胞仪的结构

1. 流动室与液流系统

流动室由样品管、鞘液管和喷嘴等组成，常用光学玻璃、石英等透明、稳定的材料制作，设计和制作均很精细，是液流系统的心脏。样品管储放样品，单个细胞悬液在液流压力作用下从样品管射出；鞘液从鞘液管由四周流向喷孔，包围在样品外周后从喷嘴射出。为了保证液流是稳态液，一般限制液流速度为 $u<10$ m/s。由于鞘液的作用，被检测细胞被限制在液流的轴线上。流动室上装有压电晶体，受到振荡信号可发生振动。

2. 激光源与光学系统

经特异荧光染色的细胞需要合适的光源照射激发才能发出荧光供收集检测。常用的光源有弧光灯和激光；激光器又以氩离子激光器普遍使用，也有配合氪离子激光器或染料激光器。光源的选择主要根据被激发物质的激发光谱而定。汞灯是最常用的弧光灯，其发射光谱大部分集中于 300~400 nm，很适合需要用紫外光激发的场合。氩离子激光器的发射光谱中，绿光 514 nm 和蓝光 488 nm 的谱线最强，约占总光强的 80%；氪离子激光器光谱多集中在可见光部分，以 647 nm 较强。免疫学上使用的一些荧光染料激发光波长在 550 nm 以上，可使用染料激光器。将有机染料作为激光器泵浦的一种成分，可使原激光器的光谱发生改变以适应需要即构成染料激光器。例如，用氩离子激光器的绿光泵浦含有 Rhodamine6G 水溶液的染料激光器，则可得到 550~650 nm 连续可调的激光，尤其在 590 nm 处转换效率最高，可约占到一半。为使细胞得到均匀照射，并提高分辨率，照射到细胞上的激光光斑直径应和细胞直径相近。因此需将激光光束经透镜会聚。

光斑直径 d 可由下式确定：

$$d=\frac{4\lambda f}{\pi D} \tag{5.9}$$

式中　λ——激光波长；

　　　f——透镜焦距；

　　　D——激光束直径。

色散棱镜用来选择激光的波长，调整反射镜的角度至所需要的波长 λ。为了进一步使检测的发射荧光更强，并提高荧光讯号的信噪比，在光路中还使用了多种滤片。带阻或带通滤片是有选择性地使某一滤长区段的光线滤除或通过。例如，使用 525 nm 带通滤片只允许 FITC（Fluoresce in Isothiocyanate，异硫氰荧光素）发射的 525 nm 绿光通过。长波通过二向色性反射镜只允许某一波长以上的光线通过，而将此波长以下的另一特定波长的光线反射。在免疫分析中，要同时探测两种以上的波长的荧光信号，采用二向色性反射镜，或二向色性分光器，可有效地将各种荧光分开。

3. 光电管与检测系统

经荧光染色的细胞受合适的光激发后所产生的荧光是通过光电转换器转变成电信号而进行测量的。光电倍增管（PMT）最为常用。PMT 的响应时间短，仅为 ns 数量级；光谱响应特性好，在 200~900 nm 的光谱区，光量子产额都比较高。光电倍增管的增益从 10 到 10 可连续调节，因此对弱光测量十分有利。光电管运行时特别要注意稳定性问题，工作电压要十分稳定，工作电流及功率不能太大。一般功耗低于 0.5 W；最大阳极电流在几个毫安。此外，要注意对光电管进行暗适应处理，并注意良好的磁屏蔽。在使用中还要注意安装位置不同的 PMT，因为光谱响应特性不同，不宜互换。也有用硅光电二极管的，它在强光下稳定性比 PMT 好。

从 PMT 输出的电信号仍然较弱，需要经过放大后才能输入分析仪器。流式细胞计中一般备有两类放大器。一类是输出信号辐度与输入信号呈线性关系，称为线性放大器。线性放大器适用于在较小范围内变化的信号以及代表生物学线性过程的信号，如 DNA 测量等。另一类是对数放大器，输出信号和输入信号之间成常用对数关系。在免疫学测量中常使用对数放大器。因为在免疫分析时常要同时显示阴性、阳性和强阳性三个亚群，它们的荧光强度相差 1~2 个数量级；而且在多色免疫荧光测量中，用对数放大器采集数据易于解释。此外其还有调节便利、细胞群体分布形状不易受外界工作条件影响等优点。

4. 计算机与分析系统

经放大后的电信号被送往计算机分析器。多道的道数是和电信号的脉冲高度相对应的,也和光信号的强弱相关。对应道数的纵坐标通常代表发出该信号的细胞相对数目。多道分析器出来的信号再经模—数转换器输往微机处理器编成数据文件,或存储于计算机的硬盘和软盘上,或存于仪器内以备调用。计算机的存储容量较大,可存储同一细胞的 6~8 个参数。存储于计算机内的数据可以在实测后脱机重现,进行数据处理和分析,最后给出结果。除上述 4 个主要部分外,还备有电源及压缩气体等附加装置。

三、流式细胞仪的操作方法

1. 细胞样品的制备

(1) 制备活性高的细胞悬液(如培养细胞系、外周血单个核细胞、胸腺细胞、脾细胞等)。

(2) 用 10% FCS RPMI1640 调整细胞浓度为 $5\times10^6 \sim 1\times10^7/\text{mL}$。

(3) 取 40 μL 细胞悬液加入预先有特异性 McAb(5~50 μL)的小玻璃管或塑料离心管,再加 50 μL 1∶20(用 DPBS 稀释)灭活的正常兔血清,置 4 ℃ 温度下 30 min。

(4) 用洗涤液洗涤 2 次,每次加洗涤液 2 mL 左右,然后离心 1 000 r/min×5 min。

(5) 弃上清,加入 50 μL 工作浓度的羊抗鼠(或兔抗鼠)荧光标记物,充分振摇,置 4 ℃ 温度下 30 min。

(6) 用洗涤液洗涤 2 次,每次加洗涤液 2 mL 左右,离心 1 000 r/min×5 min。

(7) 加适量固定液(如为 FCM 制备标本,一般加入 1 mL 固定液;如制片后在荧光显微镜下观察,视细胞浓度加入 100~500 μL 固定液)。

(8) FCM 检测或制片后于荧光显微镜下观察(标本在试管中可保存5~7 天。

细胞的荧光标记有以下两种方法

(1) 直接免疫荧光标记法:取一定量的细胞悬液(约 $1\times10^6/\text{mL}$),在每一管中分别加入 50 μL 的 HAB,并充分混匀,在室温中静置 1 min 以上,再直接加入连接有荧光素的抗体进行免疫标记反应(如做双标或多标染色,可把几种标记有不同荧光素的抗体同时加入)。孵育 20~60 min 后,用 PBS(pH7.2~7.4)洗1~2 次,加入缓冲液重悬,上机检测。本方法操作简便,结果准确,易于分析,适用于同一细胞群多参数的同时测定。虽然直标抗体试剂成本较高,但减少了间接标记法中较强的非特异荧光的干扰,因此更适用于临床标本的检测。

(2) 间接免疫荧光标记法:取一定量的细胞悬液(约 $1\times10^6/\text{mL}$),先加入特异的第一抗体，待反应完全后洗去未结合的抗体再加入荧光标记的第二抗体，生成抗原—抗体—抗抗体复合物，以 FCM 检测其上标记的荧光素被激发后发出的荧光。本方法费用较低，二抗应用广泛，多用于科研标本的检测。但由于二抗一般为多克隆抗体，特异性较差，非特异性荧光背景较强，易影响实验结果。所以标本制备时应加入阴性或阳性对照。另外，由于间接免疫荧光标记法步骤较多，增加了细胞丢失的概率，不适用测定细胞数较少的标本。

① 荧光标记的抗体的浓度应该合适。如果浓度过高，背景会因为非特异性相互作用的增加而增加。

② 在使用第一抗体之前，应将样品与过量的蛋白一起培育，如小牛血清蛋白（BSA）、脱脂干奶酪，或用来自同一寄主的正常血清来作为标记的第二抗体。这个步骤通过阻断第一抗体与细胞表面或胞内结构的非特异性的交互作用来降低背景。

③ 在使用第一抗体之后，将样品与 5%~10% 来自同一寄主的正常血清和作为标记的第二抗体一起培育。这个步骤会减少不必要的第二抗体与第一抗体、细胞表面或胞内结构之间的交互作用。

通过用来自同样样品的血清稀释标记过的抗体可以略过此步骤。此步骤适用于很多方面，但有时候它也会导致已标记的第二抗体和正常血清中的免疫球蛋白的免疫复合体的形成。这种复合体会优先与一些细胞结构进行结合，或者它们最终会导致期望得到的抗体活性的丢失。

④ 使用 F（ab'）2 片段会使背景决定于第一或第二抗体与 FC 受体的全分子结合。大多数第二抗体的 F（ab'）2 片段容易利用，而第一抗体的 F（ab'）2 片段一般是不能利用或很难制作的。因此，在 NaN_3 存在的条件下，将新鲜组织或细胞与正常血清一起培育应选择优先加入第一抗体。在此情况下，即使在随后的步骤中用完所有的抗体分子，FC 受体决定的背景影响都已不再重要。

⑤ 已标记的抗体和其他一些内在的免疫球蛋白或加入实验系统中的其他物质的交叉反应也可能会有背景影响。为了降低背景，在多重标记过程中，所有已标记的抗体应被吸附，避免与其他种类蛋白的交叉反应。

2. 开机程序

（1）检查稳压器电源，打开电源，稳定 5 min。

（2）打开储液箱，倒掉废液，并在废液桶中加入 400 mL 漂白水原液。打开压力阀，取出鞘液桶，将鞘液桶加至 4/5 满（一般可用三蒸水，做分选必须用 PBS 或 FACS Flow），合上压力阀。盖紧桶盖，检查所有管路是否妥善安置。

（3）将 FACS Calibur 开关打开，此时仪器功能控制钮的显示应是 "STANDBY"，预热 5~10 min，排出过滤器内的气泡。

(4) 如果需要打印，打开打印机电源。

(5) 打开计算机，等待屏幕显示标准的苹果标志。

(6) 执行仪器"PRIME"功能一次，以排除 Flow Cell 中的气泡。

(7) 分析样品时，先用"FACA Flow"或"PBS"进行"High Run"约 2 min。

(8) 做过分选后，每次开机后需冲洗管道：在分选装置上装上两个 50 mL 离心管，不接通浓缩系统，按下右下角的白色按钮，开始冲洗。待自动停止后接通浓缩装置，同上法冲洗一次。

3. 预设获取模式文件（Acquisition Template Files）

(1) 从苹果标志中选择"CELL Quest"命令，打开一个新视窗，可利用此视窗编辑一个获取模式文件。

(2) 选取屏幕左列绘图工具中的"Dot plot"图标，绘出一个或多个 Dot Plots（点图）。从"Dot Plot"对话框中选取"Acquisition"选项作为图形资料的来源，并确定适当的 x 轴和 y 轴参数。

(3) 选取屏幕左列绘图工具中的"Histogram"图标，同上法绘出 Histogram（直方图）。

(4) 将此视窗命名后保存于"FAC Station G3BD Applications CELL Quest Folder EXP"文件夹中。下次进行相同实验时可直接调用。

(5) 本计算机中已设定两个模式文件：ACQ 和 EXP，保存于"FAC Station G3BD Applications CELL Quest EXP"文件夹中。ACQ 用于细胞 DNA 的检测，EXP 用于细胞表面的标志分析。

4. 用"CELL Quest"进行仪器的设定和调整

(1) 从苹果画面中选取"CELL Quest"命令。进入"CELL Quest"后在"File"指令栏中打开合适的获取模式文件。

(2) 从屏幕上方"Acquire"指令栏中，选取"Connect to Cytometer"（快捷键：+B）命令进行计算机和仪器的联机，将出现的"Acquisition Control"对话框移至合适的位置。

(3) 从"Cytometer"指令栏中，开启"Detectors/Amps""Threshold""Compensation""Status"等 4 个对话框，并将它们移至屏幕的右方，以便获取数据时随时调整获取条件。也可以用+1、2、3、4 获得此 4 个对话框。

(4) 在"Detectors/Amps"对话框中，首先为每个参数选择适当的倍增模式（Amplifier Mode）：线性模式 Lin 或对数模式 Log。一般进行细胞表面抗原分析如分析外周血的淋巴细胞亚群时，FSC 和 SSC 多以线性模式 Lin 测量，且 DDM Param 选择"FL2"，而 FL1、FL2 与 FL3 则以对数模式 Log 测量；分析细胞 DNA 含量时，FSC、SSC、FL1、FL2、FL3 皆以 Lin 进行测量，且 DDM Param 选择"FL2"；分析血小板表型时，FSC、SSC、FL1、FL2、FL3 等均以 Log 进行测量。

（5）放上待检测的样品，将流式细胞仪设定于"RUN"，流速可在"HIGH"或"LOW"上。

（6）在"Acquisition Control"对话框中，选取"Acquire"，开始获取细胞。在以下的仪器调整过程中随时选取"Pause""Restart"以观察调整效果。未完全调整好之前不要去掉"SET UP"前的"3"。

（7）在"Detectors/Amps"对话框中，调整"FSC"和"SSC"探测器中的信号倍增度"PMT Voltages"（粗调）与"Amp Gains"（细调），使样品信号出现在 FSC-SSC 点图内，且三群细胞合理分布。

（8）在"Threshold"对话框中选择适当的参数，并调整"Threshold"的高低，以减少噪声信号（细胞碎片）。一般做细胞表型时用 FSC-H，而做 DNA 时用 FL2-H。Threshold 并不影响检测器对信号的获取，但可改善画面的质量。

（9）从屏幕左列绘图工具中选取"Region"（区域），并在靶细胞周围设定区域线，即通常所说的门。圈定合适的细胞群可使仪器调整更为容易。

（10）在"Detectors/Amps"对话框中，调整荧光检测器（FL1、FL2、FL3、FL4 等）的倍增程度。根据所用的荧光阴性对照样品调整细胞群，使之分布在正确的区域内。

（11）在"Compensation"对话框中，根据所用的调补偿用标准荧光样品调整双色（或多色）荧光染色所需的荧光补偿。比如应该为"FL1+FL2-"的细胞群却分布在"FL1+FL2+"区域内，则需调大 FL2-?%FL1 中的"?"，并从 FL1-FL2 点图中观察新的调整是否恰当。

（12）在"Status"对话框中可见下列数值：

Laser Power：正常值——Run/Ready 为 14.7 mW；Standby 为 5 mW。Laser Current：正常值为 6 A 左右。

（13）调整好的仪器设定可在"Instrument Settings"对话框中储存，下次进行相同实验时可调出使用，届时只需微调即可。

4. 通过预设的获取模式文件进行样品分析

（1）从苹果标志中选择"CELL Quest"，新视窗出现后从"File"指令栏中选择"Open"选项，打开预设的获取模式文件。

（2）从屏幕上方的"Acquire"指令栏中，选取"Connect to Cytometer"进行计算机和仪器的联机，将出现的"Acquisition Control"对话框移至合适的位置。

（3）从"Cytometer"指令栏中选取"Instrument Settings"选项，在其对话框中选择"Open"选项以调出以前存储的相同实验的仪器设定，单击"Set"按钮确定。

（4）在"Acquire"指令栏中，选择"Acquisition & Storage"选项确定储存的细胞数、参数、信号道数。其中"Resolution"在做细胞表面标志时选择"256"，做 DNA 时选择"1024"。"Parameter Saved"则根据不同的检测对象选择不同的参数。

（5）在"Acquire"指令栏中，选择"Parameter Description"选项，以确定文件存储位置（folder）、文件名称（file）、样品代号以及各种参数的标记（Panel），即安排 tube1，2，3，…的检测参数。一般本仪器获取的数据按照检测对象的不同分别储存于 FAC "Station G3BD Applications CELL Quest IMM"和"DNA"文件夹中。文件根据日期命名。

（6）在"Cytometer"指令栏中，选择"Counters"选项，将此对话框移至合适的位置，以便于随时观察"Events"计数。

（7）将样品试管放至检测区，在"Acquire Control"对话框中选取"Acquire"选项，以启动样品分析测定。

（8）微调仪器设定，待细胞群分布合适后选择"Acquire Control"对话框中的"Pause""Abort"选项，去除"Setup"前的"3"，开始正式获取信号，存储数据。

（9）当一定数目的细胞被测定后，获取会自动停止，并会自动存储数据。重复步骤（7），继续分析下一个样品，直到所有的样品数据分析完毕。

（10）当所有样品分析完毕，即换上三蒸水，并将流式细胞仪置于"Stand By"状态，以保护激光管。

5. 关机程序

（1）从"File"列表中选择"Quit"命令，退出软件，单击"Don't Save"按钮至苹果屏幕。

（2）用 4 mL 1∶10 稀释的漂白水作样品，将样品置于旁位（Vacuum is on）；用外管吸去约 2 mL，再将样品架置于中位（Vacuum is Off）；接着"High Run" 5 min（内管吸去 2 mL）。

（3）改用三蒸水 4 mL 作样品，同上处理。

（4）单击"Prime"按钮三次。

（5）此时仪器自动转为"Stand By"状态，换 2 mL 三蒸水。必须在仪器处于"Stand By"状态 10 min 后再依次关掉计算机、打印机、主机、稳压电源，以延长激光管寿命，并确保应用软件的正常运行。

（6）填写使用登记表。

四、流式细胞仪的使用注意事项

制备细胞时需要注意的事项如下：

（1）整个操作在 4 ℃温度下进行，洗涤液中加有比常规防腐剂量高 10 倍的 $NaNO_3$。上述实验条件是防止一抗结合细胞膜抗原后发生交联、脱落。

（2）洗涤要充分，以避免游离抗体封闭二抗与细胞膜上一抗相结合，出现假阴性。

（3）加适量正常兔血清可封闭某些细胞表面免疫球蛋白 Fc 受体，降低和防止非特异性染色。

（4）细胞活性要好，否则易发生非特异性荧光染色。

五、流式细胞仪的应用

目前，流式细胞仪（FCM）已在各学科中获得了广泛应用。

1. 细胞生物学

定量分析细胞周期并分选不同细胞周期时相的细胞；分析生物大分子如 DNA，RNA、抗原、癌基因表达产物等物质与细胞增殖周期的关系，进行染色体核型分析，并可纯化 X 或 Y 染色体。

2. 肿瘤学

DNA 倍体含量测定是鉴别良、恶性肿瘤的特异指标。近年来，已应用 DNA 倍体测定技术，对白血病、淋巴瘤及肺癌、膀胱癌、前列腺癌等多种实体瘤细胞进行探测，并用单克隆抗体技术清除血液中的肿瘤细胞。

3. 免疫学

流式细胞仪用于研究细胞周期或 DNA 倍体与细胞表面受体及抗原表达的关系；用于进行免疫活性细胞的分型与纯化；用于分析淋巴细胞亚群与疾病的关系；用于免疫缺陷病如艾滋病的诊断；用于器官移植后的免疫学监测等。

4. 血液学

流式细胞仪用于血液细胞的分类、分型，造血细胞分化的研究，血细胞中各种酶的定量分析，如过氧化物酶、非特异性酯酶等；用 NBT 及 DNA 双染色法可研究白血病细胞分化成熟与细胞增殖周期变化的关系，检测母体血液中 Rh（+）或抗 D 抗原阳性细胞，以了解胎儿是否可能因 Rh 血型不合而发生严重溶血；检测血液中循环免疫复合物可以诊断自身免疫性疾病，如红斑狼疮等。

5. 药物学

检测药物在细胞中的分布,研究药的作用机制,亦可用于筛选新药,如化疗药物对肿瘤的凋亡机制,可通过测 DNA 凋亡峰、Bcl-2 凋亡调节蛋白等。

6. 血栓与止血的应用

血栓与止血的作用包括血小板活化分析、血小板膜糖蛋白分析、血小板抗体检测、网织血小板和检测血小板微粒分析。

7. 骨髓与器官移植的应用

骨髓与器官移植的应用包括骨髓或脐血的干/祖细胞测定、移植前配型和移植后的免疫监测。

第八节 实时荧光定量 PCR 仪

实时荧光定量 PCR(Quantitative Real-time PCR)是一种在 DNA 扩增反应中,以荧光化学物质测每次聚合酶链式反应(PCR)循环后产物总量的方法。通过内参或者外参法对待测样品中的特定 DNA 序列进行定量分析的方法。

实时荧光定量 PCR 是在 PCR 扩增过程中,通过荧光信号,对 PCR 进程进行实时检测。由于在 PCR 扩增的指数时期,模板的 Ct 值和该模板的起始拷贝数存在线性关系,所以成为定量的依据。

一、实时荧光定量 PCR 仪的工作原理

1. 实时荧光定量 PCR 仪的技术原理

实时荧光定量 PCR 技术是指在 PCR 反应体系中加入荧光基因,利用荧光信号累积实时监测整个 PCR 进程,最后通过标准曲线对未知模板进行定量分析的方法。在 Real-time 技术的发展过程中,以下两个重要的发现起着关键的作用。

(1) 在 20 世纪 90 年代早期,TaqDNA 多聚酶的 5′核酸外切酶活性被发现,它能降解特异性荧光记探针,因此使间接地检测 PCR 产物成为可能。

(2) 此后荧光双标记探针的运用使在一密闭的反应管中能实时地监测反应全过程。这两个发现的结合以及相应的仪器和试剂的商品化发展导致实时荧光定量 PCR 方法在研究工作中的运用。

PCR 反应过程中产生的 DNA 拷贝数是呈指数方式增加的,随着反应循环数的增加,最终 PCR 反应不再以指数方式生成模板,从而进入平台期。

在传统的 PCR 中，常用凝胶电泳分离并用荧光染色来检测 PCR 反应的最终扩增产物，因此用此终点法对 PCR 产物定量存在不可靠之处。在实时荧光定量 PCR 中，对整个 PCR 反应扩增过程进行了实时的监测，并连续地分析扩增相关的荧光信号。随着反应时间的进行，监测到荧光信号的变化可以绘制成一条曲线。在 PCR 反应早期，产生荧光的水平不能与背景明显地区别开，而后荧光的产生进入指数期、线性期和最终的平台期，因此可以在 PCR 反应处于指数期的某一点上来检测 PCR 产物的量，并且由此来推断模板最初的含量。为了便于对所检测样本进行比较，在实时荧光定量 PCR 反应的指数期，首先需设定一定荧光信号的阈值，一般这个阈值（Threshold）是以 PCR 反应的前 15 个循环的荧光信号作为荧光本底信号（Baseline），荧光域值的缺省设置是 3~15 个循环荧光信号的标准偏差的 10 倍。如果检测到荧光信号超过阈值被认为是真正的信号，它可用于定义样本的阈值循环数（Ct）。Ct 值的含义是：每个反应管内的荧光信号达到设定的阈值时所经历的循环数。研究表明，每个模板的 Ct 值与该模板的起始拷贝数的对数存在线性关系，起始拷贝数越多，Ct 值越小。利用已知起始拷贝数的标准品可做出标准曲线。因此只要获得未知样品的 Ct 值，即可从标准曲线上计算出该样品的起始拷贝数。

将标记有荧光素的 Taqman 探针与模板 DNA 混合后，完成高温变性、低温复性、适温延伸的热循环，并遵守聚合酶链反应规律，与模板 DNA 互补配对的 Taqman 探针被切断，荧光素游离于反应体系中，在特定光的激发下发出荧光，随着循环次数的增加，被扩增的目的基因片段呈指数规律增长，通过实时检测与之对应的随扩增而变化的荧光信号强度，求得 Ct 值。同时利用数个已知模板浓度的标准品作对照，即可得出待测标本目的基因的拷贝数。

1）荧光阈值（Threshold）的设定

PCR 反应的前 15 个循环的荧光信号为荧光本底信号，荧光阈值的缺省（默认）设置是 3~15 个循环荧光信号的标准偏差的 10 倍，即：

$$\text{Threshold} = 10 \times S_{\text{Dcycle 3~15}} \tag{5.10}$$

2）Ct 值与起始模板的关系

每个模板的 Ct 值与该模板的起始拷贝数的对数存在线性关系，公式如下：

$$Ct = \frac{-1}{\lg(1+E_x)} \times \frac{\lg X_0 + \lg N}{\lg(1+E_x)} \tag{5.11}$$

式中　n——扩增反应的循环次数；

X_0——初始模板量；

E_x——扩增效率；

N——荧光扩增信号达到阈值强度时扩增产物的量。

起始拷贝数越多，Ct 值越小。利用已知起始拷贝数的标准品可做出标准曲线。其中，横坐标代表起始拷贝数的对数，纵坐标代表 Ct 值。因此，只要获得未知样品的 Ct 值，即可从标准曲线上计算出该样品的起始拷贝数。

2. 荧光化学物质

实时荧光定量 PCR 所使用的荧光物质可分为荧光探针和荧光染料两种。现将其原理简述如下：

1）TaqMan 荧光探针

PCR 扩增时在加入一对引物的同时加入一个特异性的荧光探针，该探针为一寡核苷酸，两端分别标记一个报告荧光基团和一个淬灭荧光基团。探针完整时，报告基团发射的荧光信号被淬灭基团吸收；PCR 扩增时，Taq 酶的 5′-3′外切酶活性将探针酶切降解，使报告荧光基团和淬灭荧光基团分离，从而使荧光监测系统可接收到荧光信号，即每扩增一条 DNA 链，就有一个荧光分子形成，实现了荧光信号的累积与 PCR 产物的形成完全同步。而新型 TaqMan-MGB 探针使该技术既可进行基因定量分析，又可进行基因突变（SNP）分析，有望成为基因诊断和个体化用药分析的首选技术平台。

2）SYBR 荧光染料

在 PCR 反应体系中，加入过量 SYBR 荧光染料，SYBR 荧光染料非特异性地掺入 DNA 双链后，会发射荧光信号，而不掺入链中的 SYBR 染料分子不会发射任何荧光信号，从而保证荧光信号的增加与 PCR 产物的增加完全同步。SYBR 仅与双链 DNA 进行结合，因此可以通过溶解曲线，确定 PCR 反应是否特异。

3）分子信标

分子信标是一种在 5′和 3′末端自身形成一个 8 个碱基左右的发夹结构的茎环双标记寡核苷酸探针，两端的核酸序列互补配对，导致荧光基团与淬灭基团紧紧靠近，不会产生荧光。PCR 产物生成后，在退火过程中，分子信标的中间部分与特定 DNA 序列配对，荧光基因与淬灭基因分离产生荧光。

二、实时荧光定量 PCR 仪的外形

实时荧光定量 PCR 仪的外形如图 5.32 所示。

(a) (b) (c)

图 5.32 实时荧光定量 PCR 仪的外形

(a) ABI StepOnePlus 实时荧光定量 PCR 仪；(b) AFD 9600 型实时荧光定量 PCR 仪；
(c) TL 988-Ⅱ型 (安特双通道) 实时荧光定量 PCR 仪

三、实时荧光定量 PCR 仪的操作方法

1. 样品 RNA 的抽提

（1）取冻存已裂解的细胞，室温放置 5 min 使其完全溶解。

（2）两相分离：在每 1 mL 的 TRIZOL 试剂裂解的样品中加入 0.2 mL 的氯仿，盖紧管盖。手动剧烈振荡管体 15 s 后，于 15~30 ℃ 孵育 2~3 min。4 ℃ 下以 12 000 r/min 离心 15 min。离心后混合液体将分为下层的红色酚氯仿相，中间层以及无色水相上层，RNA 全部被分配于水相中。水相上层的体积大约是匀浆时加入的 TRIZOL 试剂的 60%。

（3）RNA 沉淀：将水相上层转移到一干净无 RNA 酶的离心管中。加等体积异丙醇混合以沉淀其中的 RNA，混匀并于 15~30 ℃ 孵育 10 min 后，于 4 ℃ 下以 12 000 r/min 离心 10 min。此时离心前不可见的 RNA 沉淀将在管底部和侧壁上形成胶状沉淀块。

（4）RNA 清洗：移去上清液，在每 1 mL TRIZOL 试剂裂解的样品中加入至少 1 mL 的 75% 乙醇（75% 乙醇用 DEPC 水配制），清洗 RNA 沉淀。混匀后，于 4 ℃ 下以 7 000 r/min 离心 5 min。

（5）RNA 干燥：小心吸去大部分乙醇溶液，使 RNA 沉淀在室温空气中干燥 5~10 min。

（6）溶解 RNA 沉淀：溶解 RNA 时，先加入无 RNA 酶的水 40 μL，用枪反复吹打几次，使其完全溶解，将获得的 RNA 溶液保存于 -80 ℃ 待用。

2. RNA 质量检测

1）紫外吸收法测定

首先用稀释的 TE 溶液将分光光度计调零；然后取少量 RNA 溶液用 TE 稀释（1∶100）后，读取其在分光光度计 260 nm 和 280 nm 处的吸收值；最后测定 RNA 溶液的浓度和纯度。

(1) 浓度测定：A_{260} 下的读值为 1，表示 40 μg RNA/mL。样品 RNA 浓度（μg/mL）的计算公式为：

$$C(\text{RNA}) = A_{260} \times 稀释倍数 \times 40 \tag{5.12}$$

具体计算如下：

RNA 溶于 40 μL DEPC 水中，取 5 μL，以 1：100 稀释至 495 μL 的 TE 中，测得 $A_{260}=0.21$。

$C(\text{RNA}) = 0.21 \times 100 \times 40 \ \mu g/mL = 840\ \mu g/mL$ 或 $0.84\ \mu g/\mu L$

取 5 μL 用来测量后，剩余样品 RNA 为 35 μL，剩余 RNA 总量为：

$$35 \times 0.84 = 29.4\ \mu g$$

(2) 纯度检测：RNA 溶液 A_{260}/A_{280} 的比值即为 RNA 纯度，比值为 1.8~2.1。

2) 变性琼脂糖凝胶电泳测定

(1) 制胶：将 1 g 琼脂糖溶于 72 mL 水中，冷却至 60 ℃，加入 10 mL 的 10×MOPS 电泳缓冲液和 18 mL 的 37% 甲醛溶液（12.3 M）。10×MOPS 电泳缓冲液的浓度成分为：

0.4 M 的 MOPS，pH 为 7.0；

0.1 M 的乙酸钠；

0.01 M 的 EDTA。

灌制凝胶板，预留加样孔至少可以加入 25 μL 溶液。胶凝后取下梳子，将凝胶板放入电泳槽内，加足量的 1×MOPS 电泳缓冲液至覆盖胶面几毫米。

(2) 准备 RNA 样品：取 3 μg RNA，加 3 倍体积的甲醛上样染液，加 EB 于甲醛上样染液中至终浓度为 10 μg/mL。加热至 70 ℃ 孵育 15 min，使样品变性。

(3) 电泳：上样前凝胶须预电泳 5 min，随后将样品加入上样孔。置于 5~6 V/cm 电压下 2 h，电泳至溴酚蓝指示剂进胶至少 2~3 cm。

(4) 在紫外透射光下观察并拍照。28S 和 18S 核糖体 RNA 的带非常亮而浓（其大小取决于用于抽提 RNA 的物种类型），上面一条带的密度大约是下面一条带的 2 倍。还有可能观察到一个更小的稍微扩散的带，它由低分子量的 RNA（tRNA 和 5S 核糖体 RNA）组成。在 18S 和 28S 核糖体带之间可以看到一片弥散的 EB 染色物质，可能是由 mRNA 和其他异型 RNA 组成。RNA 制备过程中，如果出现 DNA 污染，将会在 28S 核糖体 RNA 带的上面出现，即更高分子量的弥散迁移物质或者带，RNA 的降解表现为核糖体 RNA 带的弥散。用数码照相机拍下电泳结果。

3. 样品 cDNA 的合成

(1) 反应体系:

序号	反应物	剂量
1	逆转录 Buffer	2 μL
2	上游引物	0.2 μL
3	下游引物	0.2 μL
4	dNTP	0.1 μL
5	逆转录酶 MMLV	0.5 μL
6	DEPC 水	5 μL
7	RNA 模板	2 μL
8	总体积	10 μL

轻弹管底,将溶液混合,以 6 000 r/min 短暂离心。

(2) 混合液在加入逆转录酶 MMLV 之前先于 70 ℃ 干浴 3 min,取出后立即冰水浴至与管内外温度一致,然后加逆转录酶 0.5 μL,于 37 ℃ 水浴 60 min。

(3) 取出后立即置于 95 ℃ 干浴 3 min,得到逆转录终溶液即 cDNA 溶液,保存于 -80 ℃ 待用。

4. 梯度稀释的标准品及待测样品的管家基因 (β-actin) 实时定量 PCR

(1) β-actin 阳性模板的标准梯度制备。阳性模板的浓度为 10^{11},反应前取 3 μL 按 10 倍稀释(加水 27 μL 并充分混匀)为 10^{10},依次稀释至 10^9、10^8、10^7、10^6、10^5、10^4,以备用。

(2) 反应体系如下:

序号	反应物	剂量
1	SYBR Green 1 染料	10 μL
2	阳性模板上游引物 F	0.5 μL
3	阳性模板下游引物 R	0.5 μL
4	dNTP	0.5 μL
5	Taq 酶	1 μL
6	阳性模板 DNA	5 μL
7	ddH$_2$O	32.5 μL
8	总体积	50 μL

轻弹管底将溶液混合,以 6 000 r/min 短暂离心。

(3) 管底基因反应体系如下：

序号	反应物	剂量
1	SYBR Green 1 染料	10 μL
2	内参照上游引物 F	0.5 μL
3	内参照下游引物 R	0.5 μL
4	dNTP	0.5 μL
5	Taq 酶	1 μL
6	待测样品 cDNA	5 μL
7	ddH$_2$O	32.5 μL
8	总体积	50 μL

轻弹管底将溶液混合，以 6 000 r/min 短暂离心。

(4) 制备好的阳性标准品和检测样本同时上机，反应条件为：93 ℃ 2 min、93 ℃ 1 min、55 ℃ 2 min，共 40 个循环。

5. 制备用于绘制梯度稀释标准曲线的 DNA 模板

(1) 针对每一需要测量的基因，选一确定表达该基因的 cDNA 模板进行 PCR 反应。

(2) 反应体系如下：

序号	反应物	剂量
1	10×PCR 缓冲液	2.5 μL
2	MgCl$_2$ 溶液	1.5 μL
3	上游引物 F	0.5 μL
4	下游引物 R	0.5 μL
5	dNTP 混合液	3 μL
6	Taq 聚合酶	1 μL
7	cDNA	1 μL
8	加水至总体积为	25 μL

轻弹管底将溶液混合，以 6 000 r/min 短暂离心。

反应条件为：94 ℃ 1 min、55 ℃ 1 min、72 ℃ 1 min，共 35 个 PCR 循环最后 72 ℃ 延伸 5 min。

(3) PCR 产物与 DNA Ladder 在 2%琼脂糖凝胶电泳；溴化乙锭染色，检测 PCR 产物是否为单一特异性扩增条带。

(4) 将 PCR 产物进行 10 倍梯度稀释。设定 PCR 产物浓度为 $1×10^{10}$，依

次稀释至 10^9、10^8、10^7、10^6、10^5、10^4 几个浓度梯度。

6. 待测样品的待测基因实时定量 PCR

（1）所有 cDNA 样品分别配置实时定量 PCR 反应体系。

（2）体系配置如下：

序号	反应物	剂量
1	SYBR Green 1 染料	10 μL
2	上游引物	1 μL
3	下游引物	1 μL
4	dNTP	1 μL
5	Taq 酶	2 μL
6	待测样品 cDNA	5 μL
7	ddH_2O	30 μL
8	总体积	50 μL

轻弹管底将溶液混合，以 6 000 r/min 短暂离心。

（3）将配制好的 PCR 反应溶液置于 Real-time PCR 仪上进行 PCR 扩增反应。反应条件为：93 ℃ 2 min 预变性，然后按 93 ℃ 1 min、55 ℃ 1 min、72 ℃ 1 min，共做 40 个循环，最后在 72 ℃ 延伸 7 min。

7. 实时定量 PCR 使用引物

引物设计软件用 Primer Premier 5.0，并遵循以下原则：

（1）引物与模板的序列紧密互补。

（2）引物与引物之间避免形成稳定的二聚体或发夹结构。

（3）引物不在模板的非目的位点引发 DNA 聚合反应（错配）。

8. 电泳

各样品的目的基因和管家基因分别进行 Realtime PCR 反应。PCR 产物与 DNA Ladder 在 2%琼脂糖凝胶电泳，GoldView 染色，检测 PCR 产物是否为单一特异性扩增条带。

四、实时荧光定量 PCR 仪的使用注意事项

（1）按照正确的开关机顺序操作，有助于延长仪器的使用寿命，减少仪器出故障的频率。开机顺序：先开计算机，待计算机完全启动后再开启定量 PCR 仪主机，等主机面板上的绿灯亮后即可打开定量 PCR 的收集软件，进行实验。关机顺序：确认实验已经结束后，首先关闭信号收集软件，然后关掉定量 PCR 仪主机的电源，最后关闭计算机。

（2）应该定期备份实验数据，备份频率推荐每周一次，用光盘刻录。同时也应该备份定量 PCR 仪的各种纯荧光光谱校正文件、背景文件和安装验证实验数据，这些文件所在的目录是 C:\ Appliedbiosystems/SDS Document。

（3）良好的实验室环境有助于延长仪器的使用寿命，减少仪器出故障的频率。推荐做到以下几个方面：

① 电源：推荐配备合适的 UPS 或稳压器。

② 通风：仪器的通风应该没有阻挡。

③ 温度：推荐实验室配备空调，温度应该控制在10~30 ℃，湿度控制在20%~80%；对于潮湿的省份，推荐实验室配备除湿机。

④ 空间：易于操作，安全。

（4）判断定量 PCR 仪的样本加热块被污染和清除污染的方法如下：

一种是运行背景校正反应板。当一个或多个反应孔连续显示不正常的高信号，则表明该孔可能被污染。另一种是在不放任何物品到样本块上的前提下，执行 ROI 的校正。当某个孔的信号明显高出其他孔时，则表明该孔被污染。清除样本加热块污染的步骤为：用移液器吸取少量乙醇并滴入每个污染的反应孔中，吹打数次；然后将废液吸入废液杯中；重复以上步骤（乙醇三次，去离子水三次）；确认反应孔中的残留液体蒸发完。

参 考 文 献

[1] 古练权,许家喜,段玉峰. 生物化学 [M]. 北京:高等教育出版社,2000.

[2] Lehninger AL, Nelson DL, Cox MM. Principles of biochemistry [M]. (2nd). New York: Worth Publishers Inc., 1998.

[3] 周爱儒,查锡良. 生物化学 [M]. 5版. 北京:人民卫生出版社,2000.

[4] 郭蔼光. 基础生物化学 [M]. 北京:高等教育出版社,2004.

[5] 郑集,陈钧辉. 生物化学 [M]. 北京:高等教育出版社,2007.

[6] 曹成喜. 生物化学仪器分析基础 [M]. 北京:化学工业出版社,2008.

[7] 雷东锋. 现代生物化学与分子生物学仪器与设备 [M]. 北京:科学出版社,2010.

[8] 周先碗,胡晓倩. 生物化学仪器分析与实验技术 [M]. 北京:化学工业出版社,2003.

[9] 郭蔼光,郭泽坤. 生物化学实验技术 [M]. 北京:高等教育出版社,2007.

[10] 王镜岩. 生物化学 [M]. 3版. 北京:高等教育出版社,2005.

[11] 聂永心. 现代生物仪器分析 [M]. 北京:化学工业出版社,2014.

[12] 黄诒森,张光毅. 生物化学与分子生物学 [M]. 3版. 北京:科学出版社,2012.

[13] 叶棋浓. 现代分子生物学技术与实验技巧 [M]. 北京:化学工业出版社,2015.

[14] 陈培榕,李景虹,邓勃. 现代仪器分析实验与技术 [M]. 北京:清华大学出版社,2016.

[15] 杨安钢,毛积芳,药立波. 生物化学与分子生物学实验技术 [M]. 北京:高等教育出版社,2001.

[16] 苏拔贤. 生物化学制备技术 [M]. 北京:科学出版社,1994.

[17] 何中贤,张树政. 电泳 [M]. 2版. 北京:科学出版社,1999.

[18] 杜连祥，路福平. 微生物学实验技术 [M]. 北京：中国轻工业出版社，2006.

[19] 沈萍，范秀容，李广武. 微生物学实验 [M]. 3版. 北京：高等教育出版社，1999.

[20] 于源华. 生物工程与生物技术专业实验基础教程 [M]. 北京：兵器工业出版社，2007.

[21] 沈萍，陈向东. 微生物学实验 [M]. 4版. 北京：高等教育出版社，2007.

[22] Nicklin J. Instant Notes in Microbiology [M]. 北京：科学出版社，2001.

[23] http://www.jyhunheji.com/aspcms/product/2012-09-08/167.html.

[24] https://www.biomart.cn/experiment/584.htm.

[25] 黄秀梨，辛明秀. 微生物学实验指导 [M]. 2版. 北京：高等教育出版社，2008.

[26] 曹军卫，马辉文. 微生物工程 [M]. 北京：科学出版社，2002.

[27] 周德庆. 微生物学教程 [M]. 3版. 北京：高等教育出版社，2011.

[28] 于源华. 生物工程与技术专业基础实验教程 [M]. 北京：北京理工大学出版社，2016.

[29] 沈萍，陈向东. 微生物学 [M]. 2版. 北京：高等教育出版社，2006.

[30] 岑沛霖，蔡谨. 工业微生物学 [M]. 北京：化学工业出版社，2000.

[31] 李阜棣，胡正嘉. 微生物学 [M]. 5版. 北京：中国农业出版社，2000.

[32] 杜连祥，路福平. 微生物学实验技术 [M]. 北京：中国轻工业出版社，2006.

[33] 黄文芳，张松. 微生物学实验指导 [M]. 广州：暨南大学出版社，2003.

[34] 唐玉林，彭勇，郑易之. 细胞生物学实验指导 [M]. 广州：华南理工大学出版社，2011.

[35] 顾子华，李敬华. 二氧化碳培养箱的原理及选择 [J]. 生命科学仪器，2007，5（6）：49-51.

[36] 王传政，李英，郑为雷. 二氧化碳培养箱使用要点及注意事项 [J].

医疗装备，2009（4）：28-29.

[37] http://www.shnoted.com/productlist_985.html.

[38] https://www.baike.so.com/doc/6785162-7001769.html.

[39] http://www.blog.sina.com.cn/s/blog_a4797c1c01014b6f.html.

[40] http://www.doc88.com/p-117691555875.html.

[41] https://www.baike.so.com/doc/6641481-6855293.html.

[42] 章静波，黄东阳，方瑾，等.细胞生物学实验技术［M］.北京：化学工业出版社，2006.

[43] 郭振.细胞生物学实验［M］.合肥：中国科学技术大学出版社，2012.

[44] http://www.doc88.com/p-011708950187.html.

[45] http://www.cnki.com.cn/Article/CJFDTotal-SWXZ199105018.htm.

[46] https://wenku.baidu.com/view/d41714c258f5f61fb6366606.html.

[47] 药立波.医学分子生物学实验技术［M］.3版.北京：人民卫生出版社，2014.

[48] 陈庄，邓存良，吴刚.分子生物学基本技术实验指导［M］.北京：科学出版社，2016.

[49] 邱峰，王荣福，张春丽，等.125I标记反义寡核苷酸及其识别淋巴瘤细胞的实验研究［J］.中华核医学杂志，2003，23（2）：69-71.

[50] https://www.wenku.baidu.com/view/42d03d81172ded630b1cb687.html.

[51] 王杨军.Series 200紫外检测器的维修与保养［J］.湖北农业科学，2013，52（21）：5317-5321.

[52] ［美］J.萨姆布鲁克，D.W.拉塞尔.分子克隆实验指南［M］.3版.黄培堂，等，译.北京：科学出版社，2002.

[53] 任林柱，张英.分子生物学实验原理与技术［M］.北京：科学出版社，2017.

[54] 魏群.分子生物学实验指导［M］.2版.北京：高等教育出版社，2007.

[55] 李永明，赵玉琪，等.实用分子生物学方法手册［M］.北京：科学出版社，1999.

[56] 魏春红，门淑珍，李毅.现代分子生物学实验技术［M］.2版.北

京：高等教育出版社，2012.

[57] 梁国栋，陈文，陈泓，等. 最新分子生物学实验技术 [M]. 北京：科学出版社，2001.

[58] Fred A, Roger B, Robert E. K, et al. 精编分子生物学实验指南 [M]. 颜子颖，王海林，译. 北京：科学出版社，1999.

[59] 瞿礼嘉，顾红雅，胡苹，等. 现代生物技术 [M]. 北京：高等教育出版社，2004.

[60] http://www.516gc.com/qixiangsepuyixuangouhechangjianwenti/2011/1119/170.html.

[61] http://www.baike.so.com/doc/3165869-3336414.html.

[62] http://www.cf17.cn/newshow.asp?id=532.

[63] http://www.docin.com/p-37718412.html.

[64] Chester T. L, Pinkston J. D, Raynie D. E. Super critical fluid chromatography and extraction [J]. Anal. Chem, 1998, 70 (12)：301-319.

[65] Gaillard Y, Pepin G. Gas chromatographic-mass spectrometric quantitation of dextro-propoxyphene and norpropoxyphene in hair and whole blood after automated on-line solid phase extraction. Application in twelve fatalities [J]. Chromatogr B., 1998, 709 (1)：69-77.

[66] Debets A. J. J, Mazereeuw M., Voogt W. H. et al. Electrophoretic sample pre-treatment techniques coupled on-line with column liquid chromatography [J]. Chromatogr A., 1992, 608：151-158.

[67] Quirino J. P, Terabe S. On-line concentration of neutral analytes for micellar electrokinetic chromatography I. Normal stacking mode [J]. Chromatogr A., 1997, 781：119-128.

[68] http://image.so.com/i?src=360pic_strong&q=毛细管电泳仪器简图.

[69] http://zhuzhengang666.blog.163.com/blog/static/1906648852011102671441104/.

[70] Hansel A, Jordan A, Holzinger R, et al. Proton-Transfer Reaction Mass-Spectrometry-Online trace gas analysis at the ppb level [J]. Int. J. Mass Spectrom., 1995, 149/150：609-619.

[71] 赖闻玲，龚涛. 液相色谱——大气压化学电离质谱联用技术 [J]. 南昌高专学报，2001, 16 (2)：53-55.

[72] http://www.docin.com/p-1474081785.html.

[73] 陈集，朱鹏飞. 仪器分析 [M]. 北京：化学工业出版社，2010.

[74] 朱明华，胡坪. 仪器分析 [M]. 4 版. 北京：高等教育出版社，2008.

[75] 张剑荣，戚苓，方慧群. 仪器分析实验 [M]. 北京：科学出版社，1999.

[76] 武汉大学化学与分子科学学院实验中学. 仪器分析实验 [M]. 武汉：武汉大学出版社，2005.